インプレス R&D [NextPublishing]

技術の泉 SERIES
E-Book / Print Book

# Vue.jsとFirebaseで作るミニWebサービス

渡邊 達明 | 著

**改訂新版**

初めてのサーバレス
シングルページ
アプリケーショ

# 目次

第1章　はじめに ……………………………………………………………………… 4
　1.1　この本の目的・ターゲット ………………………………………………… 4
　1.2　本書であまり触れない部分 ………………………………………………… 5
　1.3　本書の構成と対応環境について …………………………………………… 5
　1.4　公式ハッシュタグでつぶやいてください！ ……………………………… 7
　1.5　リポジトリとサポートについて …………………………………………… 7
　1.6　表記関係について …………………………………………………………… 8
　1.7　免責事項 ……………………………………………………………………… 8
　1.8　底本について ………………………………………………………………… 8

第2章　サーバーレスシングルページアプリケーションの基本 ………………… 9
　2.1　SPAとフレームワーク（Vue.jsの紹介）………………………………… 9
　　　2.1.1　何がシングルページ？ ……………………………………………… 9
　　　2.1.2　SPAフレームワークを使うとなにがいいの？ …………………… 9
　　　2.1.3　コンポーネント指向 ………………………………………………… 10
　2.2　サーバーレスってなに？ …………………………………………………… 10
　2.3　Firebaseは何ができる？ …………………………………………………… 11
　2.4　そのままの構成で本格的なWebサービスで使える？ ………………… 11

第3章　開発環境のセットアップとデプロイまでの流れ ………………………… 12
　3.1　vue-templesのダウンロードとセットアップ …………………………… 12
　3.2　SFCでのコンポーネントの内容について ……………………………… 15
　　　3.2.1　template ……………………………………………………………… 15
　　　3.2.2　script ………………………………………………………………… 16
　　　3.2.3　style …………………………………………………………………… 16
　3.3　Firebaseのセットアップとデプロイ …………………………………… 17

第4章　Googleアカウントでのユーザー登録と、ログイン状態の判別 ……… 26
　4.1　componentsを作成し表示する …………………………………………… 26
　4.2　Firebaseでログインの設定 ……………………………………………… 28
　4.3　Googleログインの実装 …………………………………………………… 30
　4.4　ログイン状態のチェック ………………………………………………… 33
　4.5　コンポーネント間の情報の受け渡しとログイン情報の表示 ………… 35

第5章　エディターの作成：データベース作成とデータ保存 ……………………………… 38

5.1　メモを編集できるマークダウンエディターを作る ……………………………… 38

　　5.1.1　script について …………………………………………………………………… 40

　　5.1.2　template について ………………………………………………………………… 40

　　5.1.3　Style について …………………………………………………………………… 41

5.2　メモを複数作成可能にする ………………………………………………………… 41

　　5.2.1　メモを保存する変数を配列に変更し、複数保存できるようにする ……… 44

　　5.2.2　メモの一覧を作る ………………………………………………………………… 45

　　5.2.3　メモの 1 行目を一覧で表示するタイトルとする …………………………… 46

　　5.2.4　配列へメモを追加する …………………………………………………………… 46

　　5.2.5　メモの一覧を選択して切り替える …………………………………………… 47

　　5.2.6　選択しているメモは色を変える ……………………………………………… 47

5.3　メモの削除機能追加 ………………………………………………………………… 48

5.4　Firebase Realtime DB の設定 ……………………………………………………… 49

5.5　メモの保存と読み込み機能の作成 ………………………………………………… 52

5.6　ショートカットキーでメモを保存する …………………………………………… 55


第6章　見た目を整える ……………………………………………………………………… 57

6.1　リセット CSS を導入する ………………………………………………………… 57

6.2　CSS ファイルの管理 ………………………………………………………………… 58

6.3　プレビュー用 CSS の追加 ………………………………………………………… 58

6.4　CSS フレームワークについて ……………………………………………………… 59

6.5　ロゴの作成 …………………………………………………………………………… 61

6.6　トップページにサービスの説明文を加えよう …………………………………… 62


第7章　Web サービスとして公開するまでの必要な準備 ……………………………… 64

7.1　複数ページ対応（Vue Router の利用）…………………………………………… 64

　　7.1.1　Vue Router の導入 ………………………………………………………………… 64

7.2　利用規約・プライバシーポリシーを記載する …………………………………… 68

7.3　XSS 対策などの最低限のセキュリティ対策 ……………………………………… 69

7.4　β 版テストを行い、公開する ……………………………………………………… 70


最後に ……………………………………………………………………………………… 71

フィードバック・ご意見・ご感想 ……………………………………………………… 71

Special Thanks！ ………………………………………………………………………… 71

強くてニューゲーム ……………………………………………………………………… 71

　　初心者向け機能 ………………………………………………………………………… 71

　　中級者向け ……………………………………………………………………………… 72

あとがき …………………………………………………………………………………… 72

# 第1章 はじめに

本書を手にとっていただきありがとうございます！

まずは購入するかどうかを考えている方もいるかと思いますので、本書のターゲットとそうでない方を明記しておこうと思います。もし次のターゲットに当てはまる場合は是非この本を手にしていただき「SPAがどういったものかつかめてきた！」「自身で作ったWebサービスを使ってもらえる楽しさ」などを体験していただければ何よりです。

## 1.1　この本の目的・ターゲット

本書では主に次のような方をターゲットとしています。
・HTML,CSS,Javascriptを利用して、簡単なWebサイトを作ったことがある人
・複数のページや状態管理をJavascript使って自力で行い、ごちゃついてしまい消耗している人
・普段デザイナーとしてマークアップしており、フロントエンドの新しめな環境でのサイト構築を経験してみたい人
・シングルページアプリケーション、Vue.jsってものを触ってみたい、またはそれらの挫折経験がある人
・やったことないけどとにかくWebサービスを作ってみたい人
・FirebaseのWeb版を使ってみたい人、どんなことができるのか知りたい人
・普段サーバーサイドやネイティブアプリを作っていて、Webフロントエンドをさらっと触ってみたい人

簡単なWebサイトを作ったことがあるWebフロントエンド初心者の方が、本書を通じてSPAの基本を掴み、簡単なWebサービスが作れるようになることが目的です。そしてそれらを抑えた上で、さらに次の段階へステップアップするための足がかりになるような要素を各所に入れています。

また、最終的にどんなWebサービスが作れるか、というサンプルを公開しています。今回のプロジェクト名は"MyMarkdown"とし、本書で進行していく上でこの名称が出てきた場合は、都度ご自身のオリジナルのプロジェクト名に置き換えつつ進めてください。

サンプルサービスは本書の内容に加えて、見た目や使いやすさを向上させるために多少手を加えていますが、機能面ではあまり差はありません。

MyMarkdown

https://mymarkdown.firebaseapp.com

Googleアカウントでログインし、マークダウン形式でプライベートなメモが書けるWebサー

ビスです。

本サイトのソースコードについてもこちらに公開しておきますので、途中詰まってしまった時などにご利用ください。

MyMarkdown github リポジトリ（master ブランチが本書の内容です）

https://github.com/nabettu/mymarkdown

## 1.2　本書であまり触れない部分

本書では主に「Vue.js と firebase を使って簡単な Web サービスを作ってみる」ということを目的としているため、各技術の詳細や網羅的な内容は収まりきらないため省略しています。

・React.js や Angular.js など、他のフレームワーク・ライブラリとの差分については触れません。

・Vue.js の場合は Vuex などを用いて状態管理を行うのが SPA 開発では一般的ですが、今回は入門としてその部分は触れず、コンポーネントをまたいだ状態管理は行いません。

・Firebase の中でも Functions や 2018 年 6 月現在ベータ版である Cloud Firestore、アプリ SDK などの内容については触れません。本書では Authentication、Hosting や Realtime Database についてのみ利用します。

・css についての詳細なテクニックや、PC/SP での表示切り替えなどはあまり触れません。ただし、本書の手順で SCSS 自体は利用します。

・Nuxt.js などを用いたサーバーサイドレンダリングについてや PWA 化、パフォーマンス・チューニング等については触れません。

・Webpack でのコンパイル等についての詳細や、機能追加については触れません。

・セキュリティやテストについての内容は触れません。

ある程度省略はしますが「この本を終えた後、何をやればいいかわからない」ということにならないよう、できるだけ各項目について名称やざっくりした説明を付け加えておきます。

また、本書の最後には「強くてニューゲーム」として、追加で実装するとよい機能などを羅列しておきますので、その後のステップへ進む手がかりにしていただければと思います。

## 1.3　本書の構成と対応環境について

この章では本書の前提について、2 章ではサーバーレスシングルページアプリケーションとはなにかについて用語の説明なども含めて記載しています。

"前置きはいいのでさっさと開発を始めたい"という人は 3 章から読み進めてください。

本書で開発を進める環境は MacOS を前提としていますが、Windows でもセットアップ以外はほぼ問題なく同じように進められるはずです。コマンドを利用する場合は Mac ではターミナル（Terminal.app）ですが Windows の方は（cmd.exe）コマンドプロンプトを利用していただき、都度コマンドは対応するものに読み替えてください。

コマンドを利用する際には次の記述で行います。（$は打たなくても大丈夫です。）

第 1 章　はじめに　　5

```
$ ここにコマンドが入ります。
```

　本書ではそれほど利用する場面は多くありませんが、「黒い画面」が苦手だった方はこれを機に利用してみていただければと思います。使いこなせてくると非常に便利です。

　今回執筆時に利用した**Node.jsのバージョンは8.11.2**です。お使いの環境でのNode.jsのバージョンがわからない方は次のコマンドを実行してみてください。

```
$ node -v
```

　Node.jsが入っていればバージョンが表示されます。

　nodeコマンドが見つからない旨が表示されてしまった方は、次のサイトからダウンロードが可能ですので、こちらをダウンロードしてインストールをお願いします。

　　Node.js公式サイト

　　https://nodejs.org/ja/

　もしバージョンに差異がある場合には8.11.2のインストールを推奨しています。

　MacOSをお使いの方はnodebrewやnodenvなどをインストール・WindowsOSの方はnodistなどを利用して、できるだけバージョンをあわせていただければと思います。

　また、執筆の際に利用したその他のnpmのバージョンの詳細についてはサンプルコードのリポジトリの中のpackage.jsonを見ていただければと思います。

　本書でコラム的に用語の説明が個別で必要な場合には次のような「コラム」の形で記載していきますので、すでにご存知の方は読み飛ばしていただければと思います。

||||||||||||||||||||||||||||||||||||||||||||||||||||||||||||||||||||||||||||||||||||||||||||||||||||||||||||||
## npmって？

　npmとはNode.jsの"パッケージ管理ツール"です。

　ここでいうパッケージとはNode.jsで利用できる便利な機能が入ったライブラリやツールをまとめて管理するためのものです。Node.jsをインストールしておくとnpmコマンドですぐ利用できるようになります。

　その際に管理データをpackage.jsonというファイルにまとめておくことができ、その中に「このプロジェクトではVue.jsのバージョン2.5を使います」などの情報が記載されています。

```
$ npm install
```

　というコマンドを打つと、そのディレクトリにあるpackage.jsonを参照して node_modules

というディレクトリにそのライブラリ郡をダウンロードしてくるといった機能があります。

ファイルの編集が必要な部分については、編集する行についてのみ次のように記載します。

リスト1.1: /index.html

```
1: <!DOCTYPE html>
2: <html lang="ja">
3:   <head>
```

初心者でない、すでに他のフレームワーク等を利用したことがある方や、もう一歩進んだことをやりたい方などで本書を読み進めている方については、次のようなコラムで書き加えておきますので是非挑戦していただければと思います。

ちょい足しポイント

このような形で、さらなる高みを目指す際のヒントをところどころに記載しておきますので、余裕があれば是非試してみてください。

## 1.4 公式ハッシュタグでつぶやいてください！

本を買ったタイミングや、進めていて困った時・切りのよい所まで進められた時など、ぜひぜひTwitterで**#Webサービスを作る本**というハッシュタグを付けてつぶやいてみて下さい！
・困っていたら著者が解決しに行きます
・同じ本に取り組んでいる人同士で問題を共有できます
・他の方がどんなデザインにしたのか見に行けます、自分のサービスも見てもらえます
など、さまざまなメリットがあるので是非作っている過程をつぶやいてみて下さい！
もしプログラムが思ったとおりに動かないということがありましたら、
・実行時のソースコードをgithubなどにアップロードしたリポジトリのURL
・公開しているサービスのURL
の2つを共有していただければ、できるだけ早く解決に向かいます。

## 1.5 リポジトリとサポートについて

本書に掲載されたコードと正誤表などの情報は、次のURLで公開しています。

https://github.com/nabettu/mymarkdown

第1章　はじめに　7

## 1.6 表記関係について

本書に記載されている会社名、製品名などは、一般に各社の登録商標または商標、商品名です。会社名、製品名については、本文中では©、®、™マークなどは表示していません。

## 1.7 免責事項

本書に記載された内容は、情報の提供のみを目的としています。したがって、本書を用いた開発、製作、運用は、必ずご自身の責任と判断によって行ってください。これらの情報による開発、製作、運用の結果について、著者はいかなる責任も負いません。

## 1.8 底本について

本書籍は、技術系同人誌即売会「技術書典4」で頒布されたものを底本としています

# 第2章 サーバーレスシングルページアプリケーションの基本

　この章では、まずシングルページアプリケーション（以降SPAと記載します）とはどういったものかということから説明します。

　実際の現場で求められているのは、Railsなどで開発された既存のWebサービスに対して、フロントエンド部分のみをSPAで差し替えることが多いでしょう。本書はそのための入り口として、まずサーバーレスでSPAを使ってWebサービスをゼロから構築してみます。既存サービスへの置き換えについてはまた1冊の本になりますので、別途調べていただければと思います。

## 2.1　SPAとフレームワーク（Vue.jsの紹介）

　SPAとはシングルページアプリケーションのことでありますが、何を持って"シングルページ"なアプリケーションなのでしょう。歴史的な部分も含めて簡単に説明します。

### 2.1.1　何がシングルページ？

　以前は、Webサイト上の情報はすべてページを切り替えることでしかできませんでした。ページのURLやセッションの情報に紐付き、サーバーから出力するHTMLを変更することでコンテンツを切り替えていました。

　その後ブラウザの技術が進み、Ajaxという技術を使ってブラウザ上でJavaScriptを使ってサーバーと情報をやり取りすることで、**ページ遷移をせずに情報を更新できること**が可能になりました。

　また、pushStateという機能がブラウザに追加されました。それによりブラウザAPIを使ってJavaScriptからURLを動的に変更できるようになり、今までとは逆に**ページ内容に紐付けてURLを管理できる**ようになったのです。

　これらを組み合わせることによって**サーバーから返すHTMLは常に同じでも、URLやセッションの状態に応じてサイトの内容を切り替えることが可能**になりました。これが"シングルページ"と呼ばれる理由です。

　※とはいえ昨今はSPAを採用しているサイトでもパフォーマンス向上のためにサーバーで返すHTMLを切り替えていることがほとんどです。これをサーバーサイドレンダリングといいます。

### 2.1.2　SPAフレームワークを使うとなにがいいの？

　SPAを作る上では先ほどの、**ページの再読み込みが無くてもサイトの内容を切り替えるこ**

とが重要です。その為には、URLやキャッシュにページの内容を記録しておくような機能、それらに応じて適切なデータを返すといった仕組みが必要になってきます。その周辺の機能を使いやすくまとめたものがSPAフレームワークとなっています。

しかし、「おなじみのjQueryでそんな機能くらい作れるのでは？」と思った方もいると思います。実際jQueryだけを使って、頑張ってSPAフレームワークと同じような動作をするコードを書くことは可能です。しかし、jQueryでは基本的に状態をHTML要素に持たせる必要があります。このためコードが煩雑になり、大規模で整合性を保ったサイトを作ることは非常に難しいのが実態です。

そこで、特定のフレームワークを利用することで、複数人で開発する際やサイトが大規模になった場合に非常に大きなメリットがあります。初心者でもサイトの状態管理を行うことが容易になるのです。

本書ではそんなSPAフレームワークの中から、比較的初心者でも扱いやすいVue.jsにフォーカスし、学習していこうと思います。

### 2.1.3 コンポーネント指向

SPAでの開発を行う上で欠かせないのが、コンポーネント指向と呼ばれる考え方です。

今まではページごとに管理していたのものを、SPAではURLやキャッシュの状態に応じてコンテンツを切り替えると説明しました。その際、共通化したパーツなどの**コンテンツの管理が煩雑になりやすい**という問題がでてきます。

サーバー側でHTMLを生成する場合も、共通のパーツを使い回すことはよく行われていました。しかし、HTMLだけを使いまわすことが基本で、CSSはグローバルに展開されたものを読み込み、JavaScriptはjQueryで共通化しているクラス名に応じてイベントを発行する、という方法が主流でした。

この場合、CSSの命名が被らないように注意する必要がある、ひとつのHTML要素に大量のクラスを付与してしまう、jQueryでもイベントを付与するタイミングによっては要素が描画されていないために失敗する、といった様々なケースでの共通化にテクニックが必要だったりと、開発に一定以上の経験値が必要とされていました。

これらの問題を整理するために"コンポーネント"という単位にWebサイトのパーツを切り分け、**HTML・CSS・JavaScriptすべてが個別に動作するような物としておくことで、再利用性を高め、重複を防ぎます**。これがコンポーネント指向です。

## 2.2　サーバーレスってなに？

SPAについての説明の次はサーバーレスについて紹介します。

まず"サーバーレス"と一口に言ってもさまざまな解釈がありますが、本書では**サーバーインフラのリソースを気にしなくても、サーバーサイドの処理ができる環境を利用することで、今**

までのサーバー構築で考慮していた一部分を考慮する必要がなくなるという意味で利用します。「サーバーリソースを使わない」わけではありません。そして今回利用するFirebaseは、BaaSと呼ばれる"バックエンドの処理を肩代わりしてくれるサービス"であり、これを利用することで比較的簡単にサーバーレスでサービスを開発することが可能になります。たとえユーザーが一度に数万人訪れたとしても、Firebaseに課金すれば自身でサーバーのリソースを気にする必要はありません（お財布は気にする必要がありますが）。

　他にもサーバーレスを実現するためのサービスは多々あり、たとえばAWS lambda等を利用することで今回と同じような構成をサーバーレスで開発することはもちろん可能ですが、初心者には少しハードルが高いと思われます。ただし、自分でカスタマイズできる範囲が多かったり同じアクセス・データ量でも安く済むなど、それぞれにメリットとデメリットはありますので、もし業務で構築を求められたら色々と比較してみるとよいでしょう。

## 2.3　Firebaseは何ができる？

　そんなFirebaseですが、今までWebサービスを作る上でサーバーサイドプログラムが必要だった部分の一部が、コードを書かずに利用できます。

　具体的に今回利用する機能としては次の3つです。

・Hosting：静的サイトのホスティング及びSSL対応

・Authentication：Googleアカウントを利用してログイン、アカウント情報の取得

・Realtime Database：NoSQLなデータベースの読み書き

　それぞれ細かい利用方法は解説を進めながら説明しますが、これらの機能を備えているため、Webサービスを公開まで開発することが非常に簡単に可能になっています。

　今回利用する範囲では、フロントエンドの知識だけで**Firebaseによるサービスを開発することに集中することができます。**

## 2.4　そのままの構成で本格的なWebサービスで使える？

　本書で解説する構成ならば、少ない機能でシンプルな、比較的小さいWebサービス運用は十分使えるレベルです。

　Facebookのような大規模サービスを作るのは難しいでしょうが、そういった大規模Webサービスを見据えたモックとして使うためにはFirebaseには十分で豊富な機能があります。

　ある程度サービスが大規模になるようであれば、今回解説するRealtime DBはリレーショナルでないので、知識が少ないとデータ管理が煩雑になりがちです。現在は$\beta$版ですが、そういった欠点を補うCloud Firestoreという代替DBが開発中です。

　また、Firebaseはスケーラブルではありますが、大量のユーザーやトラフィックを扱うとなると、運用にかかる費用はそのためのバックエンド開発を自前で行ったほうが運用コストは安い傾向があります。

# 第3章　開発環境のセットアップとデプロイまでの流れ

　おまたせいたしました！前置きが長くなってしまいましたが、ここからいよいよ開発を始めます。ゼロからすべてのファイルを作成するのは大変なので、まずは今回開発するWebサービスの骨組みとなるテンプレートをダウンロードします。

　Vue.jsではプロジェクトを始める際の公式テンプレートが用意されており、これを利用することで比較的簡単に環境構築を行うことができます。今回はWebpackを利用し、シンプルな構成でサイト構築を目的とするテンプレートを利用します。

## ちょい足しポイント1

　Webpack-simpleテンプレートではない普通のWebpackテンプレートを使って、unitテスト等を書いてテスト駆動で進めてみてください。

## 3.1　vue-templesのダウンロードとセットアップ

　今回利用するテンプレートは、Webpackを使ってVue.jsのプロジェクトを始める上でシンプルな設定にまとめてある**Webpack-simpleテンプレート**を利用します。

　　Webpack-simpleテンプレート

　　https://github.com/vuejs-templates/webpack-simple/

　テンプレートを利用するために、まずはPCに**vue-cli**というコマンドラインからvueのテンプレートをダウンロードできるツールをインストールします。

　コンソールを開いて次のコマンドを実行して、vue-cliをインストールします。

```
$ npm install -g vue-cli
```

　無事にインストールができたら次のコマンドでヘルプが表示できますので試してみてください。

```
$ vue -h
```

その後、作業するフォルダに移動して、テンプレートをダウンロードするために、次のコマンドを実行してください。実行すると、いくつか質問されますが、最後の「Use sass?」以外はそのまま enter で大丈夫です。**sass のみ y を入力してください。**

また、**本書内でのプロジェクト名は"MyMarkdown"として進めますので、ご自身のプロジェクト名に適宜置き換えてください。**

```
$ vue init webpack-simple mymarkdown
  ? Project name mymarkdown
  ? Project description A Vue.js project
  ? Author username <name@example.com>
  ? License MIT
  ? Use sass? Yes
```

※リポジトリのTOPから手動でダウンロードもできますが、その場合はpackage.json等で‖#sass‖〜‖/sass‖と表記されている部分や‖name‖となっている部分を修正して使ってください。

今回使うテンプレートではあまり変わりませんが、他のテンプレートを利用する場合にはvue-cliを利用することで初期設定時にどのモジュールを入れるのか等を細かく指定できますので、余裕があれば触ってみてください。

手動ダウンロードの場合でもvue-cliの場合でも、無事にローカルにテンプレートをダウンロードできたら、

```
$ cd mymarkdown
$ npm install
$ npm run dev
```

をそれぞれ実行してください。

図3.1: vue-template実行画面

このような画面がブラウザ上で表示されましたでしょうか？

おめでとうございます。これであなたもVue.jsを使ってWebサイトを表示することができました。

もしエラーが表示されてしまい、セットアップがうまく進まなかった場合はエラー文言でそのままGoogle検索を行うと、同じ問題にあたっている方の情報が見つかる場合が多いと思いますので、参考にして解決していただければと思います。

## npm-scriptsとは

npmではnpm-scriptsと呼ばれる機能があり、さきほどは

```
$ npm run dev
```

というコマンドで利用しています。このコマンド自体はpackage.jsonの中のscriptsという欄に実行できるタスクを登録しておいて、npmから呼び出しができます。今回のタスクでは、

```
$ cross-env NODE_ENV=development webpack-dev-server --open --hot
```

という長いコマンドも短い名前で実行できます。

自分でターミナルを実行する際には、グローバル環境に利用するコマンドをインストールする必要がありますが、npm-scriptsならそのプロジェクトのnpmを利用するためインストールの必要がありません。（今回の例ではwebpack-dev-serverがそれにあたります。）

ただ、2つ以上のことをまとめて実行したい、並列処理直列処理を使い分けたい等やりたいことが増えて来た場合はgulpなどのタスクランナーを利用すると、package.jsonと別ファイルで各タスクを定義できるため、プロジェクトでやりたいことによって使い分けるとよいでしょう。

では試しに App.vue の内容を変更してみましょう。

リスト3.1: /src/App.vue

```
26: return {
27:     msg: "Welcome to MyMarkdown"
28: }
```

TOPページの文言が変更されましたでしょうか？このときブラウザを開いたままにしておく
とよく分かるのですが、**ファイルを変更した部分のみが自動的に変更され、画面がリロードがさ
れない**と思います。これは Webpack の提供する **Hot Module Replacement** という機能で、
画面全体のリロードなしに変更するというものです。

    Hot Module Replacement について

    https://webpack.js.org/concepts/hot-module-replacement/

また、App.vue ファイルという見慣れない拡張子のファイルを編集しましたが、これは Vue.js
で利用するコンポーネント（ページそのものやサイトで利用するパーツのこと）単位毎に"HTML・
Javascript・CSS"をファイルひとつにまとめて書ける形式になります。

この形式は**単一ファイルコンポーネント**といって、詳細は公式の次のページで説明されてい
ます。これを一読しておくと理解がより深まります。英語ではSFC（Single File Components）
と呼ばれますが、慶應義塾大学湘南藤沢キャンパスではありません。

    SFC について

    https://jp.vuejs.org/v2/guide/single-file-components.html

ファイルひとつにそのコンポーネントの情報が網羅され、サイト編集時にそこだけで簡潔す
るため見通しはよいのですが、ひとつのコンポーネントに情報を詰め込みすぎると結局取り回
しが悪くなってしまうので注意が必要です。

## 3.2　SFCでのコンポーネントの内容について

SFCの中身はtemplateとscriptとstyleの3つの要素でできています。それぞれの要素につ
いて詳細を見ていきましょう。

### 3.2.1　template

そのコンポーネントが表示するHTMLを記載します。また、そのhtml要素に紐付いてクリッ
クされたら何を実行するかなどの情報も、@click="hoge"のような形でtemplate内の要素に付
与して定義します。∥ msg ∥のような形で、後述するscriptで定義されたコンポーネントのdata
を文字列として表示することも可能です。基本的にVue.jsが行うのは、dataをhtmlに整形して
出力することだと思ってもらってかまいません。

### 3.2.2 script

文字どおりscriptとして、そのコンポーネント内で処理するプログラムやtemplateで表示するためのデータを記載します。

dataに関しては、文字どおりそのコンポーネント内で利用するデータを格納する関数です。ここでは必ずオブジェクトを返却するようにしてください。その返却するオブジェクトに自由に変数を追加することで、HTMLに内容を表示することができます。

細かい各種の機能は利用する際に説明しますが、methodsにそのコンポーネントで実行するメソッドを定義しておいてtemplateで呼び出す部分を定義したり、他のコンポーネントを読み込んでおいてそれをtemplateで呼び出したり、といったこともここに記述します。

### 3.2.3 style

各コンポーネントで利用するCSSを記述します。もしモジュール化してすべてのCSSを全コンポーネントで共通化するのであれば必要ないですが、このコンポーネントでのみ適用されるCSSを記述したい場合にscopedという機能があります。詳しくは5.1.3で説明します。

|||||||||||||||||||||||||||||||||||||||||||||||||||||||||||||||||||||||||||||||||||||||||||||||||||||||||

## Webpackって何？

Webpackとはモジュールバンドラーと呼ばれ、jsファイルやCSSファイル、設定によっては画像ファイルなども取り込みひとつのファイルにまとめることができるツールです。

設定ファイルは webpack.config.js という名称で、今回利用するテンプレートでもルートに格納されています。そのファイル内でどのファイルをどのような設定で読み込むかが記載されています。

npmでライブラリ等をダウンロードしてきましたが、そのファイルはこのWebpackを使い読み込みます。たとえば、/src/main.jsのはじめの行では

/src/main.js

import Vue from 'vue'

と書かれていますが、npmを使ってインストールしたライブラリ等はimport文を使い、このfrom部分に記載することで利用することができます。

import文自体は実際にはまだブラウザ標準で動く機能ではなく、この場合はbabelというトランスコンパイラ（トランスパイラ）を利用して**古いブラウザが対応していない新しい書き方をして書いたjavascriptを、古いブラウザでも動作する形式に変換**しています。

・importについての参考URL

https://developer.mozilla.org/ja/docs/Web/JavaScript/Reference/Statements/import

|||||||||||||||||||||||||||||||||||||||||||||||||||||||||||||||||||||||||||||||||||||||||||||||||||||||||

## 3.3　Firebaseのセットアップとデプロイ

さて、無事にローカル環境でVue.jsを使ってWebサイトを構築することができました。次はいよいよFirebaseを使って、Webサイトをデプロイしてみます。（デプロイとはサイトを他の人が利用可能な状態に置くことです）

「え？もうデプロイするの？」そう思った方も少なくないかもしれません。安心してください、デプロイはしますが、この段階で公開して不特定多数の人に見てもらおうというわけではありません。

"完成"するまでデプロイはしないものと思っている方もいるのではないでしょうか。Webサービスに"完成"などという段階は存在しません。**Webサービスにとって公開は、数あるマイルストーンのひとつにすぎない**のです。

今回すぐにデプロイする理由は、

・デプロイして、ローカルと本番で環境が違うことではじめて見えてくる問題なども、ここで先に解決できます

・そもそもデプロイできなければローンチはできません。デプロイまでのステップを踏んでさえおけば、準備が整えばすぐにでもローンチが可能になります

・見える形にしておけば、友人などに途中経過を見せてフィードバック等をもらいやすいです。それによってモチベーションの低下を防げます

もちろんデプロイはお楽しみにとっておいて頂いて、最後にドカンと行って頂いてもかまいません。

ということで、まずはFirebaseのアカウントを作成するところからスタートしましょう。

Firebase

https://firebase.google.com/

「使ってみる」ボタンの後、「Firebaseへようこそ」という画面で「プロジェクトの追加」を押してご自身のプロジェクトをつくり始めましょう。

図 3.2: プロジェクト ID の入力画面

このとき、プロジェクト名は管理画面上の名称ですが、プロジェクト ID は全ユーザーのプロジェクト内で固有の ID になります。そして今からデプロイするサイトの URL も、https://プロジェクト ID.firebaseapp.com という形になります。（後から ID の変更はできませんが、公開前であれば別のプロジェクトとして作り直せます）

ID を入力し、それぞれのチェックボックスにチェックを入れて「プロジェクト作成」を押下して少し待ちます。プロジェクトの作成が終わったら「次へ」を押してプロジェクトの管理画面に移動しましょう。

プロジェクトを作成後、3 つあるアイコンの一番右が Web サイト用なのでボタンを押下してください。

図3.3: ウェブサイトに追加するためのボタン

モーダルが表示されているかと思いますが、そこで表示されるコードをコピーし、mymarkdownディレクトリの直下にあるindex.html内にペーストしてください。その際**すでにあるscriptタグの一行上にペースト**しましょう。

図3.4: HTMLに貼り付けるコード

※ライブラリのバージョンなどは適宜変更されるため、本誌の情報とは異なるコードになる可能性がありますがそのままお使い下さい。

変更後のhtmlは次のようになります。

リスト3.2: /index.html

```
1: <!DOCTYPE html>
2: <html lang="en">
3:   <head>
4:     <meta charset="utf-8">
```

```
 5:     <title>mymarkdown</title>
 6:    </head>
 7:    <body>
 8:     <div id="app"></div>
 9:     <script
src="https://www.gstatic.com/firebasejs/4.8.2/firebase.js">
</script>
10:     <script>
11:     // Initialize Firebase
12:     var config = {
13:       apiKey: "AIzaSyCiaxL8JBwL8deaJaOVLfAwF1yRWiiawJM",
14:       authDomain: "mymarkdown.firebaseapp.com",
15:       databaseURL: "https://mymarkdown.firebaseio.com",
16:       projectId: "mymarkdown",
17:       storageBucket: "mymarkdown.appspot.com",
18:       messagingSenderId: "619528626812"
19:     };
20:     firebase.initializeApp(config);
21:     </script>
22:    <script src="/dist/build.js"></script>
23: </body>
24: </html>
```

　これらのタグはWebサイト上でFirebaseのデータを扱ったり、SNSログインするための命令を実行するための定義と設定です。そしてこの情報はhtmlに埋め込むため、ユーザーに公開されてしまうことになりますが、権限管理等は別の箇所で行うため、このコードは公開されていても問題ありません。その権限についての詳細は7.3で解説します。

　もう一度Firebaseの管理画面に戻り、今度は左のタブのHostingというメニューをクリックしてください。この場合のホスティングとはindex.htmlなどをデータを保存しWebサイトの形で公開できるようにしてもらえる機能のことになります。

　「使ってみる」をクリックし、出てくるモーダルの命令をそのまま実行してみましょう。ここではお使いのPCのどのプロジェクト上でも使えるようにfirebase-toolsをインストールします（グローバルインストール）。

　※さきほどのプロジェクトが起動したままの場合は**Control + c**で "npm run dev"で動いていたプロジェクトを停止してから実行してください。今後も**コンソールで動作しているプログラムを停止するコマンド**なので覚えておいてください。

```
$ npm install -g firebase-tools
```

20 ｜ 第3章　開発環境のセットアップとデプロイまでの流れ

インストールできたら、そのまま②の内容に進みます。

```
$ firebase login
```

実行するとブラウザが開き、このような画面が表示されます。

図3.5: google アカウントの認証

OKを押して、

図3.6: Firebaseへの権限追加成功画面

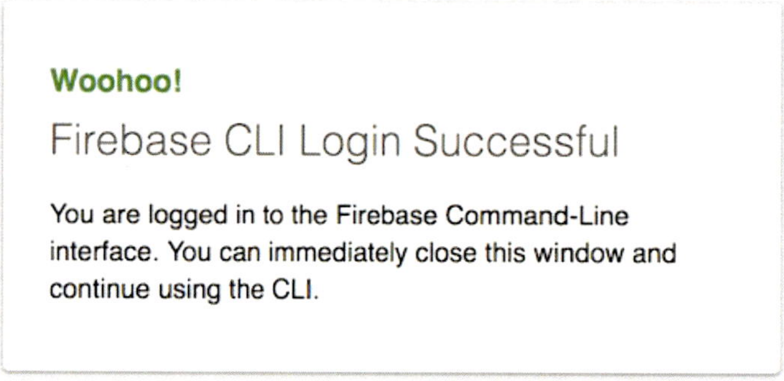

**Woohoo!**

Firebase CLI Login Successful

You are logged in to the Firebase Command-Line interface. You can immediately close this window and continue using the CLI.

このような画面が表示されたら完了です。

こちらは自身のfirebaseプロジェクトの編集を、コンソールで操作しているfirebase-cliのアプリケーションに許可する手続きになります。

その後またコンソールに戻り次のコマンドを実行します。

```
$ firebase init
```

init時には初めにどの機能を利用するのか聞かれるため、カーソルを操作してHostingにカーソルを合わせて、スペースキーを押して選択状態にしてEnterキー、その後作成したプロジェクトを選択します。

```
「What do you want to use as your public directory?」
```

と、表示され次に**公開に利用するディレクトリ名の入力が求められるため dist と入力してください**。

```
「Configure as a single-page app (rewrite all urls to
/index.html)?」
```

その後、公開するページはindex.htmlだけかどうかを聞かれるので、そのままエンター（No）で進めてください。

すると自動的にプロジェクトのルートに

・.firebaserc

・firebase.json

の2ファイルが作成されていると思います。ここにfirebaseで利用するプロジェクトの設定が記載されていきます。

次にホスティングしてもらうための準備として、テンプレートのままでは各種パスが開発用

の状態なので、次の2つのファイルを変更します。

リスト3.3: /webpack.config.js

```
  8:    publicPath: '/',
~~~
 78:  devServer: {
 79:   contentBase: 'dist', // 追加
 80:  historyApiFallback: true,
~~~
100:  sourceMap: false,
```

　※Firebaseの無料枠ではアップロード容量制限があるため、SourceMapがtrueの場合mapファイルで容量オーバーの可能性があるためオフにします。

　/dist/index.html がfirebase-cliによって自動で作成されているため削除します。

　そして /index.html を /dist/index.htmlへ移動しつつ次のように変更します。

リスト3.4: /dist/index.html

```
21:    </script>
22:    <script src="./build.js"></script>
23: </body>
```

　distディレクトリは標準で .gitignore に記載されているため、git管理する際にファイルが追加されません。本書では変更箇所を少なくするためにdistディレクトリにindex.htmlを格納していますので、index.htmlをgit管理するために次の行を追加しておきます。

リスト3.5: /.gitignore

```
 4: !dist/index.html
```

　各種設定変更後に、デプロイするファイルを作成するために次のコマンドを実行します。

```
$ npm run build
```

　buildが成功したら、ついにデプロイです。満を持して次のコマンドを実行しましょう。

```
$ firebase deploy
```

　成功した場合は "Deploy complete!" と表示され、公開URLが表示されていると思います。アクセスするとローカルで作成していたものと同じ物が表示されているでしょうか。「build →

deploy」でデプロイの手順は以上です。

今後本書を進める上で、区切りのいいタイミングがあったら是非デプロイしながら進めてみてください！

※もし今後プログラムが動かなくなってしまって原因を誰かに質問することになった場合には、このデプロイしたサイトとgithubなどで管理しているソースコードを両方送ると、解決が早いのでお勧めです。

|||||||||||||||||||||||||||||||||||||||||||||||||||||||||||||||||||||||||||||||||||||||||||||||||||||||||
## ちょい足しポイント2

今回デプロイはローカルのコマンドで行いましたが、もちろんCircle CIなどのCIに任せてもOKです。その際CI用にfirebase用のtokenを発行することができるので、それをCIのコンテナにもたせ、firebase-toolをインストールしdeployコマンドを実行させてみてください。

### デプロイ後のサイト確認時の注意点

本書を進めるうえで「デプロイしたのに前反映されていた内容と変わってないみたい・・・」という場合があると思います。

考えられる原因としては

1. デプロイが正しく完了していない
2. ブラウザが前回確認時のキャッシュを残している

という2つの場合がありますので、それぞれについて確認方法を書いておきます。

まずはデプロイの確認ですが、管理画面で正しくHostingにデプロイが完了しているかを確認出来ます。

Firebaseの管理画面でプロジェクト選択後にHostingタブを選択します。

図3.7: Hostingの確認画面(右下に履歴が残ります)

その後「リリース履歴」の部分に最後にデプロイを行った日時が表示されますのでご確認ください。もし完了していなければなにかエラー等を見逃してしまっているかもしれません。

次に、deployが完了している場合はブラウザのキャッシュの可能性があります。

これはブラウザの機能で、一度開いた同じファイルはブラウザで保存しておくことで同じサイトなどを開いた際に表示を早くするためのものです。しかし更新したはずのファイルもブラウザのキャッシュを利用されてしまうといつまで経っても更新内容が確認出来ません。

そのためブラウザの設定画面からキャッシュの消去を行ってください。

しかしSNSのログイン情報なども消去されるとまたログインし直しが面倒です。ブラウザによっては**今見ているサイトのキャッシュのみを消去する**機能がありますので、今後デプロイ後の確認時に毎回利用していただくと確認が楽になります。

Google Chromeの場合はコマンドで**すぐに見ているサイトのキャッシュを消しつつリロードする**というスーパーリロードと呼ばれる機能がありますのでご紹介しておきます。

Windowsの場合は「Shift + F5」で、Mac OSの場合「Command + Shift + r]で、スーパー

24 第3章 開発環境のセットアップとデプロイまでの流れ

リロードが出来ますので、ぜひご利用ください。

# 第4章 Googleアカウントでのユーザー登録と、ログイン状態の判別

Firebase の Hosting を利用できたので、次は Authentication を利用してユーザ登録・ログイン機能を利用してみましょう。その際に、ログインしている時としていない時で別の内容を表示するようにします。

## 4.1 componentsを作成し表示する

SPA ではコンポーネント単位でサイトの見た目を管理する、という説明はすでに行っていますが、そのコンポーネントを作ることからはじめてみましょう。

src ディレクトリの中に、さらに components ディレクトリを作成します。本書で今後作るコンポーネントファイルは、すべてこのディレクトリに格納することとします。

ログインしていないときに表示する Home.vue と、ログインしている際にはメモ帳として Editor.vue を表示するのものとして新規作成し、次の内容に編集します。

リスト 4.1: /src/components/Home.vue

```
 1: <template>
 2:   <div id="home">
 3:     <h1>{{ msg }}</h1>
 4:     <button>Googleアカウントでログイン</button>
 5:   </div>
 6: </template>
 7: <script>
 8: export default {
 9:   name: "home",
10:   data() {
11:     return {
12:       msg: "Welcome to MyMarkdown"
13:     };
14:   }
15: };
16: </script>
```

リスト 4.2: /src/components/Editor.vue

```
 1: <template>
 2:   <div class="editor">
```

```
 3:     <h1>エディター画面</h1>
 4:   </div>
 5: </template>
 6:
 7: <script>
 8: export default {
 9:   name: "editor",
10:   data() {
11:     return {};
12:   }
13: };
14: </script>
```

それぞれ中身は特にないコンポーネントとして、定義だけしておきます。次にApp.vueでそれぞれを読み込み、isLoginの状態に応じて表示を分けます。デフォルトで入っていた内容は削除します。

リスト4.3: /src/App.vue

```
 1: <template>
 2:   <div id="app">
 3:     <Home v-if="!isLogin"></Home>
 4:     <Editor v-if="isLogin"></Editor>
 5:   </div>
 6: </template>
 7:
 8: <script>
 9: import Home from "./components/Home.vue";
10: import Editor from "./components/Editor.vue";
11:
12: export default {
13:   name: "app",
14:   data() {
15:     return {
16:       isLogin: false
17:     };
18:   },
19:   components: {
20:     Home: Home,
21:     Editor: Editor
22:   }
23: };
```

第4章　Googleアカウントでのユーザー登録と、ログイン状態の判別　27

```
24: </script>
```

まずは別のコンポーネントの読み込みですが、importで始まる部分で相対パスでvueファイルを読み込みます。その後、**template内で利用したいコンポーネントについてはcomponents内で〔tag名: 読み込んだvueファイル〕という形式で定義**しておきます。これではじめてtemplate内でコンポーネントの読み込みが行えます。

その後、template内ではHTMLのタグのような形で定義したコンポーネントを読み出せます。もちろんtemplateはHTMLを記載する場所なので、既存のHTMLのタグと同じ名称（たとえばnavやsectionのような名称）ではコンポーネントを定義できませんのでご注意ください。

図4.1: Home.vue が表示された状態

# Welcome to MyMarkdown

Googleアカウントでログイン

次にv-if="!isLogin"という記述について説明します。こちらは**条件付きレンダリング**と言って、**v-ifの場合はこのコンポーネントを表示するかどうかをイコールで記載した条件に応じて決めます**。この場合は、dataで定義したisLoginというログイン状態を判別する変数に応じて表示します。ためしにfalseをtrueに変更してみると、エディター画面が表示されるでしょう。

Vue.jsにはv-elseという条件付きレンダリングも存在していて、それを使うとひとつ上にあるifの条件に合わなかった場合に、そちらをレンダリングする指定もできます。注意点として、v-elseは要素の順番が変わると意味が違ってしまい、条件だけでなく順序も考慮する必要も出てきてしまいます。そのためここでは使っていません。

あとは、このisLoginにログイン情報が入るようにすれば、ログイン状態に応じて表示を切り替えることができるようになります。

## 4.2 Firebaseでログインの設定

次にFirebaseの管理画面でAuthenticationタブを開きます。FirebaseではTwitterやFacebookでのログインも対応していますが、それらは個別に各サービス側で開発者登録を

28 　第4章　Googleアカウントでのユーザー登録と、ログイン状態の判別

行う必要があるため、今回はGoogleアカウントでのログインを実装します。

図4.2: 左のAuthenticationタブを開いた状態

「ログイン方法を設定」をクリックし、ログインプロバイダーの設定を行います。

図4.3: 各種ログイン方法設定画面

　ログイン方法のタブを開き、「Google」をクリック、「有効にする」ボタンをクリックし、プロジェクトのサポートメールを設定します。あとは保存し、[Googleが有効になりした」というダイアログが出たら完了です。

図 4.4: ログイン設定

認証については下にスクロールすると、認証済みドメインを設定することもできます。たとえば**独自ドメインを取得した場合はこちらに追記が必要**です。

※ここで設定するメールアドレスですが、今回作ったアプリケーションを公開する際にログイン認証画面で公開されますので、もし他人に知られたくない場合は公開したサイトを友人などへの共有にとどめておいてください。

## 4.3 Googleログインの実装

いよいよログインです。さきほどのHome.vueを開き、次のように編集します。

リスト 4.4: /src/components/Home.vue

```
 1: <template>
 2:   <div id="home">
 3:     <h1>{{ msg }}</h1>
 4:     <button @click="googleLogin">Googleアカウントでログイン</button>
 5:   </div>
 6: </template>
 7: 
 8: <script>
 9: export default {
10:   name: "home",
11:   data() {
12:     return {
13:       msg: "Welcome to MyMarkdown"
14:     };
15:   },
```

```
16:   methods: {
17:     googleLogin: function() {
18:       firebase
19:         .auth()
20:         .signInWithRedirect(new firebase.auth.GoogleAuthProvider());
21:     }
22:   }
23: };
24: </script>
```

作成したボタンをクリックすると、Googleアカウントの認証に遷移します。ここでアプリを承認すればログインしたことになります。

図4.5: ログイン画面

ここで、はじめて出てきた**@click**と**methods**について説明します。@clickはHTMLのonClickのような形で、その要素をクリックすると実行する命令を記載できます。onClickでは

javascriptをそのまま記載できましたが、Vue.jsでは呼び出す関数を記載します。

そこで呼び出されるgoogleLoginという関数は、script内のmethodsに記載されています。コンポーネント内で呼び出す関数は、このようにmethods内に記載しておくことで利用できます。メソッド内で別メソッドを呼び出す際にはthis.メソッド名で呼び出しができますが、function()の記載を上記の例のようにしておく必要があります。ES6で追加されたArrow Functionの形（'() => ‖'）で記載すると、thisの内容が変わってしまうので注意が必要です。

## ちょい足しポイント3

今回はGoogleログインを利用しましたが、サービスの内容によってはTwitterのほうが相性がいい場合があるでしょう。

Twitterで開発者登録を行って、Twitterアプリの作成→Firebase管理画面上で登録を行って、Twitterログインを実装してみてください。

Facebookでも同じように登録が可能です。現状InstagramやLINEログインは公式にはありませんが、Functionsをうまく使えば実現可能です。

## ES6（ES2015）って？ Arrow Functionって？

Webpackのimport文についての部分でトランスコンパイラについて説明しました。その説明内の新しい書き方と表現していたものがES6であり、古い書き方＝ブラウザ標準で動作する書き方がES5です。

このESというのはECMAScriptと呼ばれるJavaScriptの標準であり、ES6は2015年に標準化されたためES2015とも呼ばれます。

この場合の標準とは、各社がそれぞれで作っているブラウザ上及びサーバー上で動作させるJavascriptにおいて「こういう書き方をしたらどう動くかあらかじめ決めておく」ことです。これによってプログラマが書きやすい新しい書き方等が、どの環境でも正しく同じに動くように整えられることに近づきます。

その中の一例として、ES6で新しく標準化したArrow Function（アロー関数）について説明します。今まで関数の定義はES5で

```
var fn = function (a, b) {
return a + b;
};
```

と書いていたものが、

```
var fn = (a, b) => {
```

```
return a + b;
};
```

と書いたり、

```
var fn = (a, b) => a + b;
// 単一式の場合はブラケットやreturnを省略もできる
```

このように記述したりできるようになりました（関数内でのthisの扱いが変わる点だけ注意）。他にもスコープド変数やClass構文など、便利な機能が色々追加されています。

ES6で追加されたシンタックスについてはひとまずこのあたりの記事を読んでおくとよいと思います。

ES2015 （ES6）についてのまとめ
https://qiita.com/tuno-tky/items/74ca595a9232bcbcd727

注意点として、Google ChromeなどのブラウザではES6で書いたコードもそのまま動作するため、babelなどを挟んでいない環境においてES6で書いてしまった場合、IEなどで動作しなくなることもあるためご注意ください。IEを使わなければ丸く収まりますが……。

||||||||||||||||||||||||||||||||||||||||||||||||||||||||||||||||||||||||||||||||||||||||||||||||||||||||||||||||||||||||||||||

## 4.4　ログイン状態のチェック

次はサイト上でログイン状態をチェックします。App.vue内でチェックした内容をisLoginに格納します。

/src/App.vue

```
created: function() {
  firebase.auth().onAuthStateChanged(user => {
    console.log(user);
    if (user) {
      this.isLogin = true;
    } else {
      this.isLogin = false;
    };
  });
},
```

dataの後にcreatedという関数を定義します。この関数は**Vue.jsがそのコンポーネントを作成したタイミングで実行されます**。createdの中で、firebaseのログイン情報の更新がされたらまたその中の関数を実行し、ログイン状態であればuserという変数にユーザー情報が格納されるようになっています。「userが存在したらログインしている」として、isLoginにtrue/falseを

第4章　Googleアカウントでのユーザー登録と、ログイン状態の判別　33

格納しましょう。

図4.6: エディター画面

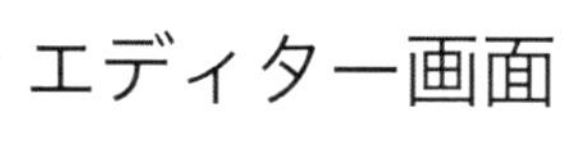

# エディター画面

　ログインした状態ではエディター画面が表示されましたでしょうか？ログアウトについては
また先の章で行います。また、ログインした状態でconsole.logでuserがブラウザコンソールに
書き出されましたでしょうか？次の章ではそのデータを表示してみます。

## コンポーネントのライフサイクルについて

　さきほど利用したcreatedはコンポーネントが作成されたタイミングでしたが、他にも色々
なタイミングで実行される関数があります。

　https://jp.vuejs.org/v2/guide/instance.html

　ここに載っている図がその全てですが、ざっくり説明すると、

beforeCreate・created ：コンポーネントを作成する前後

beforeMount・mounted ：コンポーネントを作成し、描画が終わる前後

beforeUpdate・updated：data等が更新され描画内容を変更する前後

beforeDestroy・destoroyed：コンポーネントが破棄される前後

　の計4つのイベントの前後で計8箇所あります。描画が終わったタイミングで実行したい内
容であればmounted、値が変更されるタイミングに実行したいなら……と、その時々でベスト
な関数を選んでください。他にもコンポーネント内部においてdataで定義した変数が変更され
たら実行する関数（watch）なども設定できますので、公式マニュアルをひととおり読んでお
くと、便利な機能を使いこなせるはずです。

## 4.5 コンポーネント間の情報の受け渡しとログイン情報の表示

次に、ログインユーザーの情報を画面に表示します。その際にログイン情報はApp.vueが所有していますが、表示しているのはEditor.vueです。App.vue内で表示してもよいのですが、その後他のデータも利用するため、Editor.vueで取得したデータを表示できるように値の受け渡しを行います。

このためにApp.vueで新しいdataを定義し、ユーザー情報を格納してEditorに引き渡すために次のように編集します。

リスト4.5: /src/App.vue

```
 1: <template>
 2:   <div id="app">
 3:     <Home v-if="!isLogin"></Home>
 4:     <Editor v-if="isLogin" :user="userData"></Editor>
 5:   </div>
 6: </template>
 7:
 8: <script>
 9: import Home from "./components/Home.vue";
10: import Editor from "./components/Editor.vue";
11: export default {
12:   name: "app",
13:   data() {
14:     return {
15:       isLogin: false,
16:       userData: null
17:     };
18:   },
19:   created: function() {
20:     firebase.auth().onAuthStateChanged(user => {
21:       console.log(user);
22:       if (user) {
23:         this.isLogin = true;
24:         this.userData = user;
25:       } else {
26:         this.isLogin = false;
27:         this.userData = null;
28:       }
29:     });
30:   },
31:   components: {
```

第4章　Googleアカウントでのユーザー登録と、ログイン状態の判別 ｜ 35

```
32:        Home: Home,
33:        Editor: Editor
34:      }
35: };
36: </script>
```

　Firebaseから取得したデータはuserに格納されているので、それをuserDataに格納します。その後Editorを読み出す際に:user="userData"として、呼び出すコンポーネントにデータを引き渡すことができます。これを今度はEditor側で取得するには次のようにします。また、ついでにログアウトもできるようにします。

リスト4.6: /src/components/Editor.vue

```
 1: <template>
 2:   <div class="editor">
 3:     <h1>エディター画面</h1>
 4:     <span>{{ user.displayName }}</span>
 5:     <button @click="logout">ログアウト</button>
 6:   </div>
 7: </template>
 8:
 9: <script>
10: export default {
11:   name: "editor",
12:   props: ["user"],
13:   data() {
14:     return {};
15:   },
16:   methods: {
17:     logout: function() {
18:       firebase.auth().signOut();
19:     }
20:   }
21: };
22: </script>
```

　propsという名前で親コンポーネントから受け継ぐデータを定義します。firebaseのユーザーデータにはdisplayNameというキーでユーザー名が格納されているので、template内でそれを表示します。

　ログアウトに関してもFirebaseのsignOutのメソッドを実行します。すると、それをまたApp.vueが検知して表示をHome.vueに切り替えてくれます。

36 | 第4章　Googleアカウントでのユーザー登録と、ログイン状態の判別

図4.7: ユーザーの名前を表示したエディター画面

# エディター画面

Tatsuaki Watanabe | ログアウト

||||||||||||||||||||||||||||||||||||||||||||||||||||||||||||||||||||||||||||||||||||||||||||||||||||||||||||||

**ちょい足しポイント4**

今回のログインではApp.vueでデータを管理していましたが、これがたくさんのコンポーネントでやり取りを行うようになると煩雑になりがちです。また、親から子へのデータの引き渡しはいいですが、たとえばこの場合のEditorからHomeという兄弟コンポーネントでのデータは受け渡せません。

そんな時にはVuexという公式ライブラリを利用し、Storeを定義し、そこにデータを格納することで煩雑さを防ぐ手法が一般的です。

Storeの定義の説明を行うと長くなってしまうため本書では割愛しましたが、規模が大きくなってくると必須な項目なので、是非Vuexの公式ドキュメントを確認していただければと思います。

Vuexとは何か？：

https://vuex.vuejs.org/ja/

また、今回のアプリケーションはログイン後に、ログインしているかどうかが確認できるまでHome.vueが表示されてしまっていると思います。これもfirebaseのログインチェックを行うまではローディング画面を出すなどで防ぐことができますので、是非実装してみてください。

||||||||||||||||||||||||||||||||||||||||||||||||||||||||||||||||||||||||||||||||||||||||||||||||||||||||||||||

いかがでしたでしょうか。晴れてGoogleアカウントでログインし、ログインしたデータをアプリケーション内で表示することができました。ユーザーデータは他にもアカウントに設定している画像なども取得できますので、それを画面に表示するなど色々と試しつつカスタマイズしながら進めてもらえればと思います。

# 第5章 エディターの作成：データベース作成とデータ保存

さていよいよエディターを作って、メモを保存できる機能の実装に移ります。ここではFirebaseでのデータ保存や削除機能を使います。

## 5.1 メモを編集できるマークダウンエディターを作る

まずはブラウザ上でメモを書ける、マークダウンエディターを作ります。textareaというhtmlタグでは文章を書くことが可能なので、これに加えてなのでマークダウンの書式で書かれたものをプレビューする機能を作りましょう。マークダウンをプレビューするには、そのためのライブラリを導入します。ターミナルに移り、プロジェクトのルートで次のコマンドを実行します。

```
$ npm install --save-dev marked
```

これはmakredというマークダウンの書式をHTMLに変換してくれるnpmモジュールです。次にEditor.vueを編集します。

リスト5.1: /src/components/Editor.vue

```
 1: <template>
 2:   <div class="editor">
 3:     <h1>エディター画面</h1>
 4:     <span>{{ user.displayName }}</span>
 5:     <button @click="logout">ログアウト</button>
 6:     <div class="editorWrapper">
 7:       <textarea class="markdown"
v-model="markdown"></textarea>
 8:       <div class="preview" v-html="preview()"></div>
 9:     </div>
10:   </div>
11: </template>
12:
13: <script>
14: import marked from "marked";
15: export default {
16:   name: "editor",
17:   props: ["user"],
```

38 │ 第5章 エディターの作成：データベース作成とデータ保存

```
18:   data() {
19:     return {
20:       markdown: ""
21:     };
22:   },
23:   methods: {
24:     logout: function() {
25:       firebase.auth().signOut();
26:     },
27:     preview: function() {
28:       return marked(this.markdown);
29:     }
30:   }
31: };
32: </script>
33: <style lang="scss" scoped>
34: .editorWrapper {
35:   display: flex;
36: }
37: .markdown {
38:   width: 50%;
39:   height: 500px;
40: }
41: .preview {
42:   width: 50%;
43:   text-align: left;
44: }
45: </style>
```

　無事に実行できたら、左側のtextareaに書き込んだマークダウンの文章の内容が、右側にリ
アルタイムにプレビューされていると思います。

図5.1: マークダウンプレビューが表示されたエディター画面

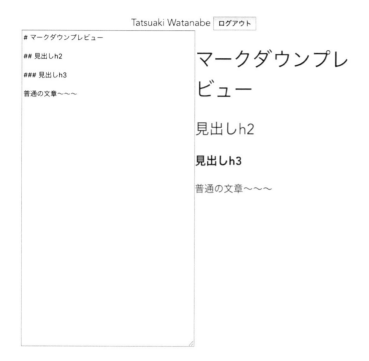

### 5.1.1 scriptについて

まずscript部分ですが、npmでインストールしたmarkedをimportで読み込んでいます。その後data関数ではオブジェクトにmarkdownというキーを追加しており、そこにマークダウンで記述されたテキストを入れることとします。

そのテキストをプレビューするためにpreviewという関数を追加します。さきほどインストールしたmarkedを利用して、markdownに格納されたテキストをHTMLで返却します。

### 5.1.2 templateについて

次にtemplateでは、textareaを定義しv-modelという属性へdata関数で定義したmarkdownを入れます。v-modelはinputやtextareaの状態をコンポーネントのデータへ格納するもので、この記述を加えるだけでtextareaに書き込んだテキストが自動的にv-modelで指定した変数へ格納されます。これを**データバインディング**と呼びます。

その格納された値を利用し、previewではv-htmlという記述を利用します。これはその名前のとおり、v-htmlで指定された値を直接HTMLとして描画する機能になります。また、その指

定するデータについて今回はmethodsのpreviewに()を付与して記述することでpreview関数の実行結果がデータとして入力されます。

※v-htmlはブラウザでのXSSの原因となるため、テキストを共有するタイプのサイトで利用する際にはその対策を追加する必要が出てきます。詳細については6.3で説明します。

### 5.1.3 Styleについて

マークダウンのプレビューが下に表示されていては見づらいため、並列になるようなCSSを記述します。

ここでは表示の確認レベルのため、最低限の記述とします。デザイナーの方はそろそろ見た目の無骨さに耐えられなくなってきている頃だと思います。ご自身で編集ができる方はCSSをガシガシ書き変えながら進めてください。

そして今回記述したstyleタグに**scoped**の記述が追加されていることに気づいたと思います。実はこの記述には、**そのコンポーネントで記述したCSSはそのコンポーネント内でしか適用されない**という便利な機能が備わっています。

デベロッパーツールでtemplateで記述したhtmlについて確認すると、data-v-1234567のような属性がついているのが分かると思います。scopedの記述を行うと、自動的にhtmlに個別の属性を割り当て、その属性にのみCSSが当たるように変換してくれるという機能になっています。

CSSは、もともとページ全体の指定されたセレクタすべてに適用するという仕様のため、BEM等のテクニックを用いてその影響範囲を絞って書かれていました。しかしこの**scopedという機能によって、そういったテクニックが無くとも自身のコンポーネント以外でのCSSの影響がなくなり**、コンポーネント単位での作業に集中することができるようになりました。

## 5.2 メモを複数作成可能にする

せっかくなので複数のメモを作れるようにしたいですよね。ここでは次の機能を追加します。
・メモを保存する変数を配列に変更し、複数保存できるようにする
・メモの一覧を作る
・メモの1行目を一覧で表示するタイトルとする
・配列へメモを追加する
・メモを一覧から選択して切り替える（選択しているメモは色を変える）

これらをまとめて次のように編集し、それぞれの実装について説明していきます。（各節で関わる部分のみ、同じコードを抽出したもので説明します。）

リスト5.2: /src/components/Editor.vue

```
1: <template>
2:   <div class="editor">
3:     <h1>エディター画面</h1>
```

第5章 エディターの作成：データベース作成とデータ保存 | 41

```
 4:      <span>{{ user.displayName }}</span>
 5:      <button @click="logout">ログアウト</button>
 6:      <div class="editorWrapper">
 7:        <div class="memoListWrapper">
 8:          <div class="memoList" v-for="(memo, index) in memos"
:key="index" @click="selectMemo(index)" :data-selected="index ==
selectedIndex">
 9:            <p class="memoTitle">{{ displayTitle(memo.markdown)
}}</p>
10:          </div>
11:          <button class="addMemoBtn" @click="addMemo">メモの追
加</button>
12:        </div>
13:        <textarea class="markdown"
v-model="memos[selectedIndex].markdown"></textarea>
14:        <div class="preview" v-html="preview()"></div>
15:      </div>
16:    </div>
17: </template>
18:
19: <script>
20: import marked from "marked";
21: export default {
22:   name: "editor",
23:   props: ["user"],
24:   data() {
25:     return {
26:       memos: [
27:         {
28:           markdown: ""
29:         }
30:       ],
31:       selectedIndex: 0
32:     };
33:   },
34:   methods: {
35:     logout: function() {
36:       firebase.auth().signOut();
37:     },
38:     addMemo: function() {
39:       this.memos.push({
40:         markdown: "無題のメモ"
```

```
41:        });
42:      },
43:      selectMemo: function(index) {
44:        this.selectedIndex = index;
45:      },
46:      preview: function() {
47:        return marked(this.memos[this.selectedIndex].markdown);
48:      },
49:      displayTitle: function(text) {
50:        return text.split(/\n/)[0];
51:      }
52:    }
53: };
54: </script>
55: <style lang="scss" scoped>
56: .editorWrapper {
57:   display: flex;
58: }
59: .memoListWrapper {
60:   width: 20%;
61:   border-top: 1px solid #000;
62: }
63: .memoList {
64:   padding: 10px;
65:   box-sizing: border-box;
66:   text-align: left;
67:   border-bottom: 1px solid #000;
68:   &:nth-child(even) {
69:     background-color: #ccc;
70:   }
71:   &[data-selected="true"] {
72:     background-color: #ccf;
73:   }
74: }
75: .memoTitle {
76:   height: 1.5em;
77:   margin: 0;
78:   white-space: nowrap;
79:   overflow: hidden;
80: }
81: .addMemoBtn {
82:   margin-top: 20px;
```

```
83: }
84: .markdown {
85:   width: 40%;
86:   height: 500px;
87: }
88: .preview {
89:   width: 40%;
90:   text-align: left;
91: }
92: </style>
```

図5.2: 実装を行うとこのようなエディター画面になります

### 5.2.1 メモを保存する変数を配列に変更し、複数保存できるようにする

　data関数内でもともとメモが入っていたmarkdownという変数をmemosという配列にし、中にオブジェクトを格納しておきます。このオブジェクト内のテキストデータのキーをmarkdownとしておきます。

　そしてその配列の中から、編集・プレビューしているデータはselectedIndexという変数で配列の番号を指定し表示することにしましょう。templateのtextareaとpreviewで指定しているデータも、それに合わせて変更しておきます。

リスト5.3: /src/components/Editor.vue

```
<textarea class="markdown"
v-model="memos[selectedIndex].markdown"></textarea>
~~~
data() {
  return {
```

```
    memos: [{
      markdown: ""
    }],
    selectedIndex: 0
  }
},
```

### 5.2.2　メモの一覧を作る

memoListというクラスの要素でメモの一覧を表示します。その際v-forという属性を付与することで、配列やオブジェクトに応じた表示である**リストレンダリング**を行います。**v-forに配列またはオブジェクトを指定しておくとそのデータの分要素が生成される**という機能になります。

今回の記述では配列の中身のデータはmemoに格納されており、配列の番号はindexに格納されます。memo.key名で中のデータへアクセスが可能です。

リスト 5.4: /src/components/Editor.vue

```
<div class="memoList" v-for="(memo, index) in memos" :key="index"
@click="selectMemo(index)" :data-selected="index ==
selectedIndex">
  <p class="memoTitle">{{ displayTitle(memo.markdown) }}</p>
</div>
```

|||||||||||||||||||||||||||||||||||||||||||||||||||||||||||||||||||||||||||||||||||||||||||||||||||||||||||||||||||||||||||||||||||
## v-forとv-ifを同じ要素につけるとうまく表示されない!?

たとえば配列の中で、データが入っていない要素は表示したくないという場面があると思います。そんなときにはつい、

<p v-for="text in texts" v-if="text">{{ text }}</p>

このような形で記載しがちです。しかし**v-forとv-ifは同じ要素に付与することはできない**ため、v-ifの中身にかかわらず表示されてしまいます。そんなときには、次のようにその要素を囲む要素を作るとよいでしょう。

<template v-for="text in texts">

<p v-if="text">{{ text }}</p>

</template>

これならリストレンダリングを使いつつ、要素の表示非表示を制御できます。template要素とは、こういったリストレンダリングや条件付きレンダリングの際などに利用するための要素で、htmlとして意味を持たせない場合などに利用するとよいでしょう。

または「テキストが空のときには非表示」というのが決まっている場合は、

<p class="hoge" v-for="text in texts">{{ text }}</p>

とし、CSSで、

.hoge:empty{

display:none;

}

のように書いてもいいかもしれません。v-ifの条件に応じて使い分けてみてください。

||||||||||||||||||||||||||||||||||||||||||||||||||||||||||||||||||||||||||||||||||||||||||||||||||||||

### 5.2.3　メモの1行目を一覧で表示するタイトルとする

　一覧に表示するメモのタイトルは今回はメモの1行目とします。displayTitleというmethod
を追加し、そこでは入力されたテキストデータの1行目を返却するようにします。

　split(/\n/)ではテキストを改行で分割し配列にします。その配列の初めの値を返却すること
で1行目だけになります。また、文字数が多い場合はCSSで要素からはみ出た文は表示しない
ようにします。

リスト5.5: /src/components/Editor.vue

```
displayTitle: function(text) {
  return text.split(/\n/)[0];
},
~~~
.memoTitle {
  height: 1.5em;
  margin: 0;
  white-space: nowrap;
  overflow: hidden;
}
```

### 5.2.4　配列へメモを追加する

　「メモを追加」ボタンをメモ一覧の最後に配置し、押されたら配列にデータが追加されるmethod
を呼び出します。

リスト5.6: /src/components/Editor.vue

```
<button class="addMemoBtn" @click="addMemo">メモの追加</button>
~~~
// Methods内
```

```
addMemo: function() {
  this.memos.push({
    markdown: "無題のメモ",
  })
},
```

### 5.2.5 メモの一覧を選択して切り替える

@clickでそのメモを選択して表示を切り替えるためにselectMemoをmethodへ追加します。その際indexを入力しselectIndexを切り替えることで表示・プレビューともに切り替わるようにします。

リスト5.7: /src/components/Editor.vue

```
<div class="memoList" v-for="(memo, index) in memos" :key="index"
@click="selectMemo(index)" :data-selected="index ==
selectedIndex">
~~~
// Methods内
selectMemo: function(index) {
  this.selectedIndex = index;
},
```

また、:key="index" の記述はv-forのようなリストレンダリングなどで繰り返す要素それぞれに、個別のkeyを設定することで要素の再利用と並び替えができるようになり、パフォーマンスが向上するため推奨されています。

### 5.2.6 選択しているメモは色を変える

どのメモを選択しているかわからなくなるため、選択している要素は data-selected="true"という属性がつくようにします。色はCSSで指定します。

属性について、**データに応じて内容の変更がある場合には明示的に記述しておく必要があります**。Vue.jsでは":"を属性の頭に付与することで、今回ではメモのindexが現在選択されているものと一致した場合に属性が付与されるようになります。:はv-bind:の略称記法で、どちらでも書いてもOKです。

リスト5.8: /src/components/Editor.vue

```
<div class="memoList" v-for="(memo, index) in memos" :key="index"
@click="selectMemo(index)" :data-selected="index ==
selectedIndex">
```

第5章 エディターの作成：データベース作成とデータ保存　47

```
~~~
// Style内
.memoList {
  &[data-selected="true"] {
    background-color: #ccf;
  }
}
```

‖‖‖‖‖‖‖‖‖‖‖‖‖‖‖‖‖‖‖‖‖‖‖‖‖‖‖‖‖‖‖‖‖‖‖‖‖‖‖‖‖‖‖‖‖‖‖‖‖‖‖‖‖‖‖‖‖‖‖‖‖
## ちょい足しポイント5

「メモの順番を変えられる機能」「メモ毎に最後に編集した日付や作成した日付を追加」など
をしてみてもいいと思います。今回配列にテキストだけでなくオブジェクトとして追加したの
はそういった要素を追加しやすいように考えてのことでした。

markdownのメモ以外に、タグを追加したり、プレビューのON、OFF設定など、自由に情報
を追加してみてください。

さらに高度な機能としては

・検索機能

・ソート機能

などでしょうか。lodashなどのライブラリを使うと結構あっさり実装できたりもするので、
是非挑戦してみてください。

lodash

https://lodash.com/docs/

‖‖‖‖‖‖‖‖‖‖‖‖‖‖‖‖‖‖‖‖‖‖‖‖‖‖‖‖‖‖‖‖‖‖‖‖‖‖‖‖‖‖‖‖‖‖‖‖‖‖‖‖‖‖‖‖‖‖‖‖‖

どうでしょうか。メモが複数編集でき、リアルタイムプレビューもされることでマークダウ
ンエディターらしさが出てきたと思います。


## 5.3 メモの削除機能追加

メモを追加できたので、次は削除機能を追加します。まずはtemplateに削除ボタンを追加し
ます。

リスト 5.9: /src/components/Editor.vue

```
  <button class="addMemoBtn" @click="addMemo">メモの追加</button>
  <button class="deleteMemoBtn" v-if="memos.length > 1"
@click="deleteMemo">選択中のメモの削除</button>
</div>
```

次に対応するdeleteMemo関数をmethods内に追加します。

リスト5.10: /src/components/Editor.vue

```
// methodsに追加
deleteMemo: function() {
  this.memos.splice(this.selectedIndex, 1);
  if (this.selectedIndex > 0) {
    this.selectedIndex--;
  }
},
```

spliceは配列の任意の位置からデータを取り出す関数です。選択中のメモを削除するため、メモの番号を調整するためにselectedIndexから1を引いておきます。

図5.3: 削除ボタンの実装済画面

|||||||||||||||||||||||||||||||||||||||||||||||||||||||||||||||||||||||||||||||||||||||||||||||||||||

ちょい足しポイント6

取り出したデータをゴミ箱として保存し、振り返れるようにしてみて下さい。spliceは返り値で取り出したデータが取得できます。

|||||||||||||||||||||||||||||||||||||||||||||||||||||||||||||||||||||||||||||||||||||||||||||||||||||

今のままではアクセスしてメモを書いてもリロードすると消えてしまいます。次の章からはいよいよメモをFirebaseへ保存することでより実用的なものにしていこうと思います。

## 5.4 Firebase Realtime DBの設定

まずはFirebaseの管理画面でDatabaseタブを開きます。初期状態ではFirestoreの表示になっていますが、スクロールしてRealtime Databaseの設定へ進みます。「データベースを作成」を

クリックしてください。

図 5.4: Realtime Database の設定画面への項目

初期状態でのデータベースのセキュリティルールをどうするかのモーダルが表示されますが、後ほど編集しますのでロックモードのまま進みます。

図 5.5: Realtime Database の設定画面への項目

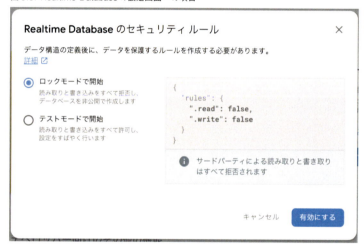

今回はソース内のmemosの配列がユーザー毎に保存できて読み書きができれば目的の動作になります。Realtime DBでは、DBのルールをJSON形式で設定できます。

ルールタブを開いていただくとルールの設定や、編集中のルールのエミュレーションができます。

今回は自分のメモが保存でき、そのメモが他のユーザーも読み込みができないようにするため、マニュアルで次の項目のサンプルにある"ユーザー"の項目を参考にします。

ユーザーのデータを保護したルールサンプル

https://firebase.google.com/docs/database/security/quickstart?authuser=0#sample-rules

図5.6: データベースルールのサンプル

デフォルト　　　公開　　　**ユーザー**　　　非公開

以下のルールの例では、認証済みユーザーそれぞれに `/users/$user_id` における個人用ノードを与えます。ここで、`$user_id` は Authentication によって取得されたユーザーの ID です。これは、ユーザーの個人データを含むアプリに共通のシナリオです。

```
// These rules grant access to a node matching the authenticated
// user's ID from the Firebase auth token
{
  "rules": {
    "users": {
      "$uid": {
        ".read": "$uid === auth.uid",
        ".write": "$uid === auth.uid"
      }
    }
  }
}
```

　rules 配下にルールを記載します。このサンプルの users は DB 内のパスで、$uid は user 配下にユーザー ID と同じ名前のパスへデータを配置するという意味になります。

　このユーザー ID は Firebase でログインしたユーザーに個別に振られる Firebase ログインのユーザー ID であり、App.vue 内で取得している user オブジェクト内に uid というキーで取得できる"5fJlwVxnnhYKpMx65IFxREXfZal1"のような文字列が ID です。

　他のユーザーが自分のデータを読み書きできないように設定するには、サンプル内の $uid === auth.uid がポイントで、".read"は読み込み、".write"は書き込みについてそれぞれ、**ユーザー ID と同じ名前のパス内のデータと、ログインしているユーザー（auth）のユーザー ID（uid）が一致する場合のみ可能**という設定になります。

　今回はメモデータなので、memos というパスでデータを保存しようと思いますので、サンプルをコピーし、次のように編集して保存しておきましょう。

第5章　エディターの作成：データベース作成とデータ保存　　51

図 5.7: データベースルールの設定

```
{
  "rules": {
    "memos": {
      "$uid": {
        ".read": "$uid === auth.uid",
        ".write": "$uid === auth.uid"
      }
    }
  }
}
```

これでデータベースへデータを保存する準備はOKです。次の章では編集したメモの保存をやってみましょう。

また、Firebase RealtimeDBのruleに関するドキュメントは次にありますので、ざっと目を通しておくとよいと思います。

Firebase RealtimeDB rules

https://firebase.google.com/docs/database/security

※FirebaseにはRealtime DBよりも高機能なFirestoreというDBがありますが、本書の執筆時にはFirestoreがベータ版なため利用していません。しかし今後はFirestoreが主流になっていくと思われますので、本書とは別で著者から本書のFirestoreのへの移行マニュアルを作成しております。サポートリポジトリヘリンクを記載しておりますので、本書が終わったらご一読していただければと思います。

||||||||||||||||||||||||||||||||||||||||||||||||||||||||||||||||||||||||||||||||||||||||||||||||||||||||||||||||||||||||
ちょい足しポイント7

現状のルールでは指定された場所以外に、ユーザーが無理やりデータを保存（ログイン状態で自らプログラムでAPIを叩くような形）をしようとすればできてしまいます。そういったデータを追加されても他のユーザーに影響はないですが、指定のパス以外にデータが保存できないようなルールをFirebaseのドキュメントを見ながら追加してみましょう。
||||||||||||||||||||||||||||||||||||||||||||||||||||||||||||||||||||||||||||||||||||||||||||||||||||||||||||||||||||||||

## 5.5　メモの保存と読み込み機能の作成

ここではデータベースへ保存する機能と、ページロード時にそれを読み込む機能を追加します。まずは保存するボタンを追加し、RealtimeDBへ保存する処理を書きます。

リスト 5.11: /src/components/Editor.vue

```
  <button class="deleteMemoBtn" v-if="memos.length > 1"
@click="deleteMemo">選択中のメモの削除</button>
  <button class="saveMemosBtn" @click="saveMemos">メモの保存</button>
</div>
~~~~
// methods内
saveMemos: function() {
 firebase
   .database()
   .ref("memos/" + this.user.uid)
   .set(this.memos);
},
~~~~
// style内
.deleteMemoBtn {
   margin: 10px;
}
```

図5.8: 保存ボタンの追加後の画面

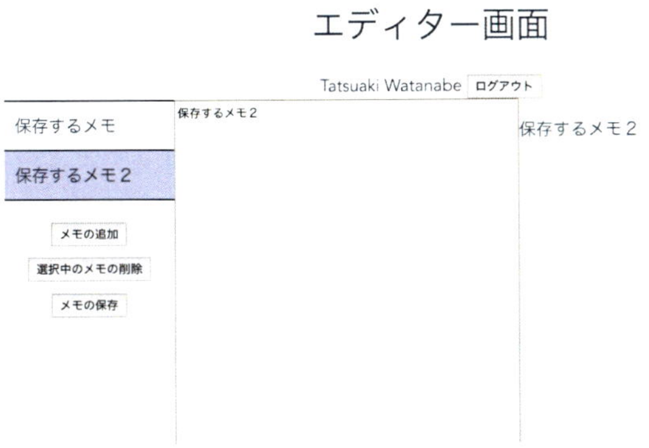

エディター画面

　以前ログインの際にも利用したFirebaseに対して、.database() を実行しデータベースに接続し、.ref("memos/" + this.user.uid) ではデータを読み書きするパスを指定します。ルール設定を行ったパスです。

　user.uidにはFirebaseでログインした際に発行されるユーザーIDが格納されています。

　そして .set(this.memos) でそのパスへデータを保存することができます。setはそのパス以下のデータを指定したデータに上書きするため、updateに変えると指定したデータのみ更新するような機能を備えています。

第5章　エディターの作成：データベース作成とデータ保存　53

保存が無事に行えたかどうか、Firebase管理画面で確認してみましょう。データタブを開くと、今DBにどんなデータが入っているか確認することができます。次のようにデータが格納されていたら成功です。

図5.9: データベースに保存できているかどうかの確認画面

これで保存ができたので、次にページ読み込み時にデータの読み込みを実行するようにしましょう。

リスト5.12: /src/components/Editor.vue

```
// data関数の次に追加
created: function() {
  firebase
    .database()
    .ref("memos/" + this.user.uid)
    .once("value")
    .then(result => {
      if (result.val()) {
        this.memos = result.val();
      }
    })
},
```

created関数内に読み込みの処理を追加します。

書き込み時と同じようにdatabaseへの接続、パスの指定を行い読み込みの場合は .once("value")を指定します。このonceは一回だけの読み込みに利用します。

realtimeDBでは元データに変更があった際に通知してくれる機能があり、詳細は次のドキュメントに記載されています。

リアルタイムにデータの変更を検知するには

https://firebase.google.com/docs/database/web/read-and-write?authuser=0#listen_for_value_events

その後データを受け取るには、.then( result =>‖)という Promise 形式でデータを受信できます。この例ではデータの読み込みが終わり次第then内に定義した関数が結果とともに読み込まれるという流れです。

このresultで.val()というメソッドを実行することで、指定のパスのデータを取得することができます。はじめて利用するユーザーの場合は結果がnullなので、if文を追加してデータがあった場合のみmemosを上書きするという処理とします。

‖‖‖‖‖‖‖‖‖‖‖‖‖‖‖‖‖‖‖‖‖‖‖‖‖‖‖‖‖‖‖‖‖‖‖‖‖‖‖‖‖‖‖‖‖‖‖‖‖‖‖‖‖‖‖‖‖‖‖‖‖‖‖‖‖‖‖‖‖‖‖‖

## ちょい足しポイント8

いちいち保存ボタンを押すのは面倒なので

・Ctrl + sを押下で保存

・一定の時間が経ったら自動的に保存

・編集の区切り（メモを切り替えたら）保存

などの機能を追加するともっと使いやすくなりますね。

‖‖‖‖‖‖‖‖‖‖‖‖‖‖‖‖‖‖‖‖‖‖‖‖‖‖‖‖‖‖‖‖‖‖‖‖‖‖‖‖‖‖‖‖‖‖‖‖‖‖‖‖‖‖‖‖‖‖‖‖‖‖‖‖‖‖‖‖‖‖‖‖

この中でみなさんがもっとも手慣れているであろう、ショートカットキーの実装を次の項で行っていきます。

## 5.6　ショートカットキーでメモを保存する

前の章でEditer.vueのcreated関数を追加しました。この関数はコンポーネントが作成されたタイミングで実行されます。

ショートカットキーの設定にはブラウザの機能である、**document.onkeydown**という関数を利用します。

この関数はブラウザがキーボードで何らかのキーが押されたことを検知して、設定してある関数を実行します。それが、今回の場合「Control + sキー」と「Command + s(Mac OS)、Windows + s(Windows)」の組み合わせの場合saveMemosを実行するようにします。

また、コンポーネントの描画が完了したタイミングのmountedという関数内で

第5章　エディターの作成：データベース作成とデータ保存　55

document.onkeydownの設定を追加し、コンポーネントがログアウトなどで削除されるタイミングで実行されるbeforeDestroyで設定を消すという内容のコードを追加していきます。これらのコードはmethodと同じ階層に記述をしていきます。

リスト5.13: /src/components/Editor.vue

```
mounted: function() {
  document.onkeydown = e => {
    if (e.key == "s" && (e.metaKey || e.ctrlKey)) {
      this.saveMemos();
      return false;
    }
  }
},
beforeDestroy: function() {
  document.onkeydown = null;
},
```

　これによってキーを同時押しすると保存が実行されるようになりました。関数内のeはキーボードの押下されたイベント自体で、そのイベントの.metaKeyでCommand(Mac OS)・Windows(Windows)を、.ctrlKeyでControlキーのどちらかが押されているかチェック、e.keyで同時にsキーも押されているかチェックしています。

　これでひととおりの機能の開発は終了です。お疲れ様でした。見た目はどうであれ、これで無事にオリジナルの「マークダウンをオンライン上で保存し編集できるWebサービスの開発」ができました。是非デプロイも試してみてください。

　次の章からは見た目を整えることや、作ったサービスを公開するまでに必要な項目を紹介していきます。Firebaseで開発する項目についてもここで終了になるため、ここまでの習得のみが目的の方は次の章は読み飛ばして頂いても構いません。

# 第6章　見た目を整える

　ここまでの章では機能面での開発にフォーカスしていたので、サービスの見た目は気にしていませんでした。この章ではデザイン面で考慮しておきたい実装ポイントを紹介していきます。

　ただし、あくまで「実装ポイント」ですので、フォントの選定、カラーリング等に関しては触れません。

## 6.1　リセットCSSを導入する

　ブラウザに標準で入っているCSSをリセットすることが目的のCSSモジュールです。標準で入っているCSSはmargin等が入っているため、意図どおりのデザインにならない原因となることあります。一度それらを消してからCSSを書いていくためのモジュールです。

　これにはreset.cssや、normalize.css、shitaji.cssなど、微妙に違いますが目的は同じモジュールがいくつかあります。これらはすべてnpmで公開されているので、npm installした後に次のように編集すればすぐ利用することができます。

　今回はshitaji.cssを利用してみたいと思いますので、こちらのコマンドでshitajicssのnpmをインストールします。

```
$ npm install shitajicss
```

　その後次のように編集しします。

リスト6.1: /src/main.js

```
1: import "shitajicss/docs/css/shitaji.min.css";
2: import Vue from "vue"
3: ~~~
```

　WebpackではCSSもJSと同じく一緒にまとめてくれる機能があるため、このようにJavascriptのライブラリのようにCSSファイルもimportすれば利用することができます。

　また、今回のようにnpmによっては読み込みたいファイルの場所にバラツキがあることもあります。そのときにはinstall後にnode_modulesの中のパッケージディレクトリの中を見て目的のファイルを探しましょう。

　もちろんリセットCSS自体の量は少ないので、オリジナルで作ってもよいと思います。今回のプロジェクトではマークダウンのプレビュー部分も、リセットされたままだとすべて平文になっ

てしまうため、後の章でプレビュー部分に追加で見やすくなるようなCSSを書いてみましょう。

## 6.2 CSSファイルの管理

前章でCSS（SCSS）ファイルをimportできることがわかっていただけたと思います。こちらはライブラリ以外にも自分で作ったファイルを読み込ませることももちろん可能です。

5.1.3.ではscoped CSSについて説明しました。好みもありますが、基本的にcomponent内CSSはすべてscopedにしてしまい、全体で使うモジュール等は別ファイルとして切り出しておくと、見通しがよいと思います。人によっては、全体で利用するCSSはApp.vueの中でscopedにせずにそのまま書く、という方もいます。

具体的にはsrcディレクトリにscssディレクトリを作成し、サイト全体で利用するCSSを書いていきましょう。style.scssファイルを作成し、App.vueに記載されていたstyleはstyle.scssファイルに移動します。その後、そのstyle.scssファイルはmain.jsで読み込みを行います。

リスト6.2: /src/main.js

```
1: import "shitajicss/docs/css/shitaji.min.css";
2: import "./scss/style.scss";
3: import Vue from "vue"
4: ~~~
```

これで、全体で利用するCSSはstyle.scssへ、コンポーネント毎のCSSはコンポーネント内に書くという切り分けができました。

## 6.3 プレビュー用CSSの追加

前の項ではブラウザで標準に入っているCSSをリセットし、全体で利用するCSSとコンポーネントで適用するCSSの使い分けができました。

これによって余計な余白等はなくなりましたが、マークダウンをプレビューしている部分のスタイルもリセットされてしまったため、その部分にCSSを追加します。

ここではGitHubのサイトで利用されているCSSを利用してみたいと思います。

github-markdown-css:

https://github.com/sindresorhus/github-markdown-css

このリポジトリのCSSはgithubでのマークダウンのプレビューに利用しているCSSを抜き出して公開しているリポジトリです。

こちらのcssを"/src/scss/github-makrdown.css"として保存しstyle.scssでimportします。

リスト6.3: /src/scss/style.scss

```
1:
```

```
 2: @import 'github-markdown.css';
 3:
```

その後、このCSSではmarkdown-bodyというクラスが付与されている要素に適用されるので、Editer.vueを次のように編集します。

リスト6.4: /src/components/Editor.vue

```
15: <textarea class="markdown"
v-model="memos[selectedIndex].markdown"></textarea>
16: <div class="preview markdown-body" v-html="preview()"></div>
17: </div>
```

これでマークダウンのプレビュー部分にはGitHubのプレビューと同じCSSが適用されました。

図6.1: マークダウン表示にCSSを適用した画面

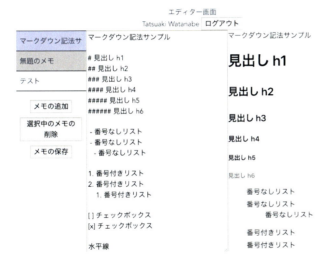

||||||||||||||||||||||||||||||||||||||||||||||||||||||||||||||||||||||||||||||||||||||||||||||||||||
### ちょい足しポイント9
　上記CSSでは実はulやolのリストタグので箇条書きの"・"や数字が表示さません。それらが表示されるようにgithub-markdown.cssを編集してみましょう。
||||||||||||||||||||||||||||||||||||||||||||||||||||||||||||||||||||||||||||||||||||||||||||||||||||

## 6.4　CSSフレームワークについて

　見た目を整えるためにCSSを一から書くのは、初心者の方にはなかなか高いハードルです。

「ある程度決まったデザインのテンプレを元に作りたい」という要望を叶えるため、プログラミングと同じ様にCSSにもフレームワークが存在します。

もっとも有名なのはTwitter社が開発し公開したことで一気に普及したBootstrapと呼ばれるフレームワークです。しかしこちらのフレームワークはjQueryに依存しているため、Vue.jsと組み合わせるには多少工夫が必要です。

Bootstrap:

https://getbootstrap.com/

Vue.jsプロジェクトにおいて、マテリアルデザインをベースにしたVuetifyというフレームワークも有名です。

Vuetify:

https://vuetifyjs.com/ja/

このフレームワークを利用することで、マテリアルデザインのWebサイトを比較的低コストで開発することができます。

CSSのフレームワークにはただ読み込むだけで通常のhtmlタグにスタイルを適用するものもありますが、紹介したフレームワークはある程度ルールに則ってクラス名などを追加する必要があります。

たとえばVuetifyでは次のような形からプロジェクトを開始します。

リスト 6.5: Vuetify でのサンプル HTML

```
 1: <!DOCTYPE html>
 2: <html>
 3: <head>
 4:    <link href='https://fonts.googleapis.com/css?[※改行可能位置
※]family=Roboto:300,400,500,700|Material+Icons' rel="stylesheet">
 5:    <link href="https://unpkg.com/vuetify/dist/vuetify.min.css"
rel="stylesheet">
 6:    <meta name="viewport" content="width=device-width,
initial-scale=1, maximum-scale=1, user-scalable=no, minimal-ui">
 7: </head>
 8: <body>
 9:   <div id="app">
10:     <v-app>
11:       <v-content>
12:         <v-container>Hello world</v-container>
13:       </v-content>
14:     </v-app>
15:   </div>
16:
17:   <script src="https://unpkg.com/vue/dist/vue.js"></script>
```

```
18:    <script
src="https://unpkg.com/vuetify/dist/vuetify.js"></script>
19:    <script>
20:      new Vue({ el: '#app' })
21:    </script>
22: </body>
23: </html>
```

　このようにVue.jsのルールに加えてVuetifyのルールに従い独自のタグを利用しながら開発を進める必要があるため、利用する際には各Webサイトのチュートリアルを見ながら進めましょう。

||||||||||||||||||||||||||||||||||||||||||||||||||||||||||||||||||||||||||||||||||||||||||||||||||||||||||

## ちょい足しポイント10

　webpack-simpleのスターターテンプレートもVuetifyに用意されています。これらを利用してマテリアルデザインのサイトにしてみましょう。

||||||||||||||||||||||||||||||||||||||||||||||||||||||||||||||||||||||||||||||||||||||||||||||||||||||||||

## 6.5　ロゴの作成

　サービス名は決まっているとして、せっかくサービスを作るのであればロゴがほしいですよね。

　この項ではロゴの作成の際に参考になるサイトを2つ紹介します。

　　サービス名が英語の場合：wordmark.it

　　https://wordmark.it/

　　サービス名が日本語の場合：ためしがき

　　https://tameshigaki.jp/

　これらサイトでは、色々なフォントでロゴを作ったらどうなるかを、一度に試せるサイトです。

第6章　見た目を整える　　61

図 6.2: ためしがきで文字を入力

まいまぁくだうん

ここで自分のサイトにあったフォントを選定します。その際**利用するフォントのライセンスについてはしっかり調べてから利用**してください。ためしがきでプレビューされるフォントはすべて商用利用可能なので、そのまま利用しても大丈夫です。

フォントが決まったら、画像化してサイトに表示してみましょう。画像を作り"/src/assets/logo.png"を差し替えて、Home.vueに追加します。

リスト 6.6: /src/components/Home.vue

```
3: <div class="home">
4:    <h1><img alt="MyMarkdown" src="../assets/logo.png"></h1>
5:    <button @click="googleLogin">Googleアカウントでログイン</button>
```

ロゴが入るだけでも雰囲気が出てくると思います。

また、コンポーネント内で画像を利用したい場合は、このようにコンポーネントからの相対パスでimgタグに読み込ませます。するとWebpackでbuildする際にそれらのファイルも一緒にdistへコピーされ、デプロイ時にindex.htmlと一緒に適用されます。

## 6.6　トップページにサービスの説明文を加えよう

たとえどんなに素晴らしいサービスだったとしても使われなければ意味がありません。そのためにも、トップページに来たユーザーにはできるだけ登録してもらえるように工夫しましょう。

これはどんなサービスで、何ができて、どんな素晴らしい体験が得られるのかをしっかりと説明して、スクリーンショットやサンドボックスなどを入れてサービスの魅力をできるだけ伝えましょう。今回はGoogleアカウントを利用しているので、登録手続き自体はすぐに終わるのでその点をアピールしてもいいかもしれません。

さまざまなWebサービスを見てどんなトップページなら登録したくなるか、というのを研究して是非ご自身が登録したくなるようなページを作ってみて下さい。

# 第7章 Webサービスとして公開するまでの必要な準備

さて開発もいよいよラストスパート！この章にある内容を網羅して、よりよいWebサービスを目指してください。

## 7.1 複数ページ対応（Vue Routerの利用）

Webサービスとして公開するためには、利用規約と、今回の場合はユーザー登録してもらうためにプライバシーポリシーの記載などが必要になってきます。場合によっては使い方マニュアルなどの追加も必要になる場合もあるでしょう。

そのため、この章では複数ページを切り替えられる機能の追加を行うために、**Vue Router**を導入します。

これまでに制作したトップページとエディターページは、Googleアカウントでのログイン状態を判別してコンポーネントを出し分けていました。

しかしサイト内ではリンクを利用してページ遷移をしたいケースが多いと思われます。今回はSPAで開発しているため、複数のhtmlファイルを作るのではなくコンポーネントの出し分けをこのVue Routerを利用して行います。

Vue Routerを利用すると、今後**ページを追加する際に決まったフォーマットの設定ファイルを追記していくだけで、簡単にコンポーネントの切り替えを行えるようになります**。2.2の章で説明したSPAの機能の"URLに応じてページの内容を切り替える"ことと、逆に"ページを切り替える際にURLを変更する"という機能などを備えたSPAのページ管理ライブラリがVue Routerです。

実際に導入してページの切り替えをどのように行うかを実装していきましょう。

### 7.1.1 Vue Routerの導入

まずはVue Routerのnpmをinstallします。

```
$ npm install vue-router
```

Vue Routerを利用するために、main.jsでVueの初期化の際にrouterを設定します。

リスト7.1: /src/main.js

```
1: import "shitajicss/docs/css/shitaji.min.css";
```

```
 2: import "./scss/style.scss";
 3: import Vue from "vue";
 4: import App from "./App.vue";
 5: import router from "./router";
 6:
 7: new Vue({
 8:   el: "#app",
 9:   router: router,
10:   render: h => h(App)
11: });
```

Vue.jsの拡張ライブラリの追加はこのようにnew Vue()する際に追加します。

router.jsが存在していないためエラーになってしまうので、router.jsを作成し、次のように記述しておきます。

リスト7.2: /src/router.js

```
 1: import Vue from "vue";
 2: import VueRouter from "vue-router";
 3: import Top from "./views/Top";
 4: import Terms from "./views/Terms";
 5:
 6: Vue.use(VueRouter);
 7: const routes = [
 8:   {
 9:     path: "/",
10:     name: "top",
11:     component: Top
12:   },
13:   {
14:     path: "/terms",
15:     name: "terms",
16:     component: Terms
17:   }
18: ];
19:
20: export default new VueRouter({
21:   routes: routes
22: });
```

コンポーネントが無いためエラーになりますが、いったんコードの説明を進めます。

第7章 Webサービスとして公開するまでの必要な準備 | 65

```
Vue.use(VueRouter);
```

npmとして読み込んだVueRouterは上記のようにVueで利用するための登録をしておきます。

routesという配列に、順番に表示するページ情報を追加していきます。その際の各プロパティ
は次のとおりです。

・path: 表示する際のURLパス

・name: そのRouteにつける名前（任意）

・component: 表示するコンポーネント

たとえばユーザーIDでユーザーごとのページを表示したいとなったときには、次のように
pathの可変部分を":"で始まるように記載すると実現できます。

```
path: "/user/:user_id",
```

Vue Routerは読み込みを行ってからroutesに該当するページを探す際に、配列の先頭から
pathに該当するかどうかをチェックして、該当するpathがあったら表示するという仕様のた
め、間違って該当するpathを複数記載してもエラーにはなりません。配列の順番が若いものが
表示されてしまうため注意してください。

次にコンポーネントの表示部分を実装していきます。今までsrc/App.vueだったファイルを、
TOPページに表示するコンポーネントとすることにするためsrc/views/Top.vueに移動します。
その上でsrc/App.vueを新しく作り、Vue Routerの内容を表示するコンポーネントを作成し
ます。

リスト7.3: /src/App.vue

```
 1: <template>
 2: <div id="app">
 3:   <router-view></router-view>
 4: </div>
 5: </template>
 6:
 7: <script>
 8: export default {
 9:   name: "app"
10: };
11: </script>
```

ここでの<router-view>というコンポーネントはnew Vue()時に設定したrouter（この場合
はVue Router）の内容を表示するコンポーネントとなります。

66　第7章　Webサービスとして公開するまでの必要な準備

URLが変更になると、自動的に<router-view>がrouter.jsで定義したコンポーネントに切り替わります。

次にもともとApp.vueであったコンポーネントであるTop.vueのappという記載をtopに変更しつつ、利用規約へのリンクを追加します。

その際にcomponentsとのファイルの位置関係が変わってしまうためimportの際のパスを "./" から "../" に変更します。

リスト7.4: /src/views/Top.vue

```
<template>
<div id="top">
  <Home v-if="!isLogin"></Home>
  <Editor v-if="isLogin" :user="userData"></Editor>
  <router-link :to="{ name: 'terms' }">利用規約</router-link>
</div>
~~~
import Home from "../components/Home.vue";
import Editor from "../components/Editor.vue";

export default {
  name: "top",
  data() {
~~~
<style lang="scss">
#top {
  font-family: "Avenir", Helvetica, Arial, sans-serif;
~~~
```

<router-link>はrouterで定義したページ間の遷移を行うためのコンポーネントです。ブラウザでの表示時には自動的にaタグに変換され、hrefにはroutesで定義したパスが入ります。

ここではnameを利用して遷移先を定義していますが、pathを指定して遷移することも可能です。

routesの定義時にはnameの指定は任意でしたが、nameを指定して<router-link>でのリンクもnameに統一しておくと、開発途中でページのURLが変更になった場合にはrouter.jsを変更するだけになります。

次に規約ページのコンポーネントを追加したら、Vue Routerの導入は終了です。規約からTOPに戻るリンクも追加しておきましょう。

リスト7.5: /src/views/Terms.vue

```
1: <template>
```

第7章　Webサービスとして公開するまでの必要な準備　67

```
 2: <div id="terms">
 3:   <h1>利用規約</h1>
 4:   <p>ここに利用規約の文章が入ります。</p>
 5:   <router-link :to="{ name: 'top' }">TOPに戻る</router-link>
 6: </div>
 7: </template>
 8:
 9: <script>
10: export default {
11:   name: "terms"
12: };
13: </script>
```

　これらの作業が終わったらブラウザで動作確認をしてみてください。TOPと規約のページの切り替えが正しく行われたでしょうか？

　以上でVue Routerの導入は終了です。利用規約のページとともにプライバシーポリシーも同じようにルートを発行して追加してみてください。

‖‖‖‖‖‖‖‖‖‖‖‖‖‖‖‖‖‖‖‖‖‖‖‖‖‖‖‖‖‖‖‖‖‖‖‖‖‖‖‖‖‖‖‖‖‖‖‖‖‖‖‖‖‖‖‖‖‖‖‖‖‖‖‖

## ちょい足しポイント11

　routesの設定でページが見つからなかった際に表示するページを追加してみましょう。TOPに戻るボタンなどを追加しておくとより親切です。

‖‖‖‖‖‖‖‖‖‖‖‖‖‖‖‖‖‖‖‖‖‖‖‖‖‖‖‖‖‖‖‖‖‖‖‖‖‖‖‖‖‖‖‖‖‖‖‖‖‖‖‖‖‖‖‖‖‖‖‖‖‖‖‖


## 7.2　利用規約・プライバシーポリシーを記載する

　ページを追加したので、問題の規約の内容ですが、1から自分で調べて作るのは大変ですのでまずはテンプレートを参考にすることから初めましょう。

　こちらのサイトにサンプル文言と、どういったことを書く必要があるかが詳細に書かれているため参照してください。

　Webサイトの利用規約:

　http://kiyaku.jp/

　このサイトのものを参考にして頂いて、さらに類似サービスのものをひととおり調べて、足りない点があれば随時追記しながら文章を作りましょう。

図7.1: Webサイトの利用規約

## 7.3 XSS対策などの最低限のセキュリティ対策

　個人情報を扱うWebサービスを公開する上で怖いもののひとつは情報漏洩ですね。ひとまず本書のとおりに開発ができていれば現状特に心配することはありませんが、セキュリティ周りについて確認すべきことを紹介します。

　3.2で記載したように、Firebaseではサイトにアクセスするデータのid等をユーザーから見える場所に配置しますが、これ自体は特に問題ありません。

　ログインに関しては指定されたURL上でのみ許可を行うため、他のサイトでは動作しないようになっております。また、DBへのアクセスについては認証しなければアクセスできない＆認証し自分のデータのみしかアクセスできないというルールにしてあるため、他人に自分のメモが見られてしまうことはありません。

　また、Firebaseではユーザーの認証後にアクセスできる情報（メールアドレスや名前等）についてはDBとは隔離してあり、たとえ開発者がDBのルールを失敗して設定していたとしても閲覧することはできないようになっています。

　しかし自分のアカウントでのログイン状態ではそのデータの取得ができるため、そのままDBに保存すること自体はできてしまいます。

　もしシステム上必要で、そのようなデータを保存したい場合は、ルールをしっかり設定してそのユーザーのみがreadできるように最低限のデータのみ保存してください。ルールの設定ミス等でDBの読み取りが他人からできてしまうと、ユーザーデータの流出につながってしまいます。

　本書ではマークダウンのプレビューにv-htmlでHTML出力という機能を利用しています。**この機能は誤った使い方をするとXSS（Cross-site scripting）という脆弱性を引き起こす可能性がある**機能です。

たとえば「自分のメモを他の人も閲覧可能な状態にする」という機能を追加で実装した場合に、scriptタグを書いてそれを実行できてしまうと、メモ内に「自分のログイン情報を送信する」という様なコードを書いて"メモを見た人の情報を盗む"という操作ができてしまう可能性があります。その為、ユーザー間共有のような機能を今後開発するような場合にはXSSが起こらないような対策の導入が必要です。

## 7.4　β版テストを行い、公開する

お疲れ様でした。公開までの準備が終わりましたでしょうか？

公開前にやっておくといいことのひとつに、誰かにベータ版として使ってみてもらうことです。友人何人かに事前に試してもらいインタビューを行って、機能の説明が必要になる場面にはサイト上に補足を加えるなどしましょう。

また、公開前にはGoogle Analyticsを導入しPVなどを計測すると、後々データを分析できます。

そして、是非作ったサービスを公開するようになったらSNSで発信してみてください！Twitterで@nabettu宛にリプライを送っていただければ私が使ってみます。

最後に

## フィードバック・ご意見・ご感想

初心者の方でもつまずかずに進められるように書いていますが、もしわからないことがあったり、まったく同じように書いても動かない、誤字脱字やご意見ご感想ありましたら、次のどれでも結構ですので、ご連絡いただければと思います。

・Twitter: https://twitter.com/nabettu
・Mail: t@cremo.tokyo
・匿名フォーム: http://bit.ly/2EGH3uD

## Special Thanks！

・デザイン相談　たかゆり（@mazenda_mojya）
・レビュアー　のびーさん（@fnobi）
・レビュアー　姫ちゃん（@_hyme_）
・テスター　しの（@shanonim）

色々な助言本当に助かりました！いつもありがとうございます。

## 強くてニューゲーム

本書の内容では物足りない方のために"ちょい足し"の内容を各所に散りばめましたが、ちょい足しの内容をすべて追加した上で、まだまだ色々やってみたいぞ！というやる気に満ち溢れたフレンズのみんなは次の内容に取り組んでみてください。

きっと終わるころには大体のWebサービスや、その原型・プロトタイプが作れるようになっているはずです！

本書の内容に加えて、私が作ったサンプルに追加した機能には★マークを付けております。GitHubリポジトリの/feature/add-designブランチに追加機能を入れたソースコードを見られるようにしておきますの、でもし気になった方は参考にしてみてください。

初心者向け機能

・★ナビゲーションバーの追加
・★マークダウンでチェックボックスを表示できるようにする
・★ログイン時に表示までLoadingを入れる
・★メモ削除時に確認する
・★セーブ中はセーブボタンがローディングする（ローディング中は押せない）

- 開閉できるメニューを作ってみる
- スマホとPCで別々なCSSを適用する
- 保存前にタブを消そうとしたら警告を出す
- メモの文字数を表示する
- Functionsを使ってAPIを作り、登録ユーザー数をトップページに表示する

中級者向け

- ★textareaをスクロールするとプレビューのスクロールも連動
- ★各種機能にショートカットキーの追加
- 変更したログを残しておき、以前のメモへ戻れるようにする
- Functionsを使ってサーバーサイドレンダリングをやってみる（XSSに注意）
- RealtimeDBではリアルタイムでの複数人編集機能があるので、それを取り入れて編集できるようにする
- メモをpublicなデータとして、他の人が見えるが編集できないような場所に置けるようにする。（XSSに注意）
- 画像を保存できるようにする。（Firebaseには画像などのストレージもあります）
- JSONでのエクスポート機能
- 外部連携（たとえばEvernoteに保存できるようにする、TwitterログインしてFunctionsを使いAPI経由でつぶやいてみる等）

他にもEvernoteなどやDropbox paperを参考にしつつ、痒いところに手が届く用な機能を考えて作ってみてください！

## あとがき

最後まで読んでいただきありがとうございます！

本書は私自身が2年前にいわゆるWeb系の会社に業務未経験で入社した際に、右も左もわからなった私に先輩社員達から色々と教えてもらい、なんとか業務をこなせる様になっていった経験を踏まえて「その頃の自分が今未経験入社したら何が知りたいか」というテーマを元に執筆してみました。

「jQueryを使いHTMLとCSSでなんとなくWebサイトを作ってみたことはあるけど、次になに覚えたらいいんだろう？」

「SPAってやつ使ってみたいけどハードル高いな〜」

「Webサービス作りたいんだけどRuby on Railsは3回挫折してる」

本書がこのような声を上げる方にとってのとっかかりになる本になっていれば幸いです。

それではみなさん良きインターネッツライフを。

2018年6月 渡邊 達明

著者紹介

# 渡邊 達明 （わたなべ たつあき）

株式会社クリモ取締役副社長。

1988年宮城県生まれ。仙台高専専攻科を卒業後、富士通株式会社にてWindowsOSのカスタマイズ業務に従事する。その後面白法人カヤックにて受託開発部門を経験後、ブロガーの妻と二人で株式会社クリモを設立。

WEBフロントエンド中心の受託開発や保育園問題の解決のためのメディアを運営。

「三度の飯よりものづくり」と言っていたらBMIが17になり健康診断で毎回ひっかかるのが悩み。

◎本書スタッフ

アートディレクター/装丁：岡田章志＋GY

編集協力：飯嶋玲子

デジタル編集：栗原 翔

〈表紙イラスト〉

高野 佑里（たかの ゆり）

嵐のごとくやって来た爆裂カンフーガール。本業はGraphicとWebのデザイナー。クライアントと一緒に作っていくイラスト、デザインが得意。FirebaseやNetlifyなど人様のwebサービスを勝手に擬人化しがち。Twitter：@mazenda_mojya

**技術の泉シリーズ・刊行によせて**

技術者の知見のアウトプットである技術同人誌は、急速に認知度を高めています。インプレスR&Dは国内最大級の即売会「技術書典」（https://techbookfest.org/）で頒布された技術同人誌を底本とした商業書籍を2016年より刊行し、これらを中心とした『技術書典シリーズ』を展開してきました。2019年4月、より幅広い技術同人誌を対象とし、最新の知見を発信するために『技術の泉シリーズ』へリニューアルしました。今後は「技術書典」をはじめとした各種即売会や、勉強会・LT会などで頒布された技術同人誌を底本とした商業書籍を刊行し、技術同人誌の普及と発展に貢献することを目指します。エンジニアの"知の結晶"である技術同人誌の世界に、より多くの方が触れていただくきっかけになれば幸いです。

株式会社インプレスR&D

技術の泉シリーズ　編集長　山城 敬

**●お断り**

掲載したURLは2018年6月1日現在のものです。サイトの都合で変更されることがあります。また、電子版ではURLにハイパーリンクを設定していますが、端末やビューアー、リンク先のファイルタイプによっては表示されないことがあります。あらかじめご了承ください。

**●本書の内容についてのお問い合わせ先**

株式会社インプレスR&D　メール窓口

np-info@impress.co.jp

件名に「『本書名』問い合わせ係」と明記してお送りください。

電話やFAX、郵便でのご質問にはお答えできません。返信までには、しばらくお時間をいただく場合があります。なお、本書の範囲を超えるご質問にはお答えしかねますので、あらかじめご了承ください。

また、本書の内容についてはNextPublishingオフィシャルWebサイトにて情報を公開しております。

https://nextpublishing.jp/

●落丁・乱丁本はお手数ですが、インプレスカスタマーセンターまでお送りください。送料弊社負担 でお取り替えさせていただきます。但し、古書店で購入されたものについてはお取り替えできません。
■読者の窓口
インプレスカスタマーセンター
〒101-0051
東京都千代田区神田神保町一丁目105番地
TEL 03-6837-5016／FAX 03-6837-5023
info@impress.co.jp
■書店／販売店のご注文窓口
株式会社インプレス受注センター
TEL 048-449-8040／FAX 048-449-8041

技術の泉シリーズ
# 改訂新版　Vue.jsとFirebaseで作るミニWebサービス

2018年10月5日　初版発行Ver.1.0（PDF版）
2019年4月12日　Ver.1.1

著　者　渡邊 達明
編集人　山城 敬
発行人　井芹 昌信
発　行　株式会社インプレスR&D
　　　　〒101-0051
　　　　東京都千代田区神田神保町一丁目105番地
　　　　https://nextpublishing.jp/
発　売　株式会社インプレス
　　　　〒101-0051　東京都千代田区神田神保町一丁目105番地

●本書は著作権法上の保護を受けています。本書の一部あるいは全部について株式会社インプレスR&Dから文書による許諾を得ずに、いかなる方法においても無断で複写、複製することは禁じられています。

©2018 Tatsuaki Watanabe. All rights reserved.
印刷・製本　京葉流通倉庫株式会社
Printed in Japan

ISBN978-4-8443-9861-5

NextPublishing®
●本書はNextPublishingメソッドによって発行されています。
NextPublishingメソッドは株式会社インプレスR&Dが開発した、電子書籍と印刷書籍を同時発行できるデジタルファースト型の新出版方式です。https://nextpublishing.jp/